吉林大学本科教材出版资助项目

"十三五"普通高等教育实验实训规划教材

水文与水文地质教学实习指导

方樟　肖长来　王福刚　杜新强　编著

中国水利水电出版社
www.waterpub.com.cn
·北京·

内 容 提 要

本教学实习指导是在总结多年实习教学成果基础上编写而成的。第1章和第2章讲述了气象、水文及水均衡要素观测要求、野外调查的基本要求和水文地质测绘的基本操作技术；第3章和第4章提出了抽水试验的基本要求与求参方法、地下水动态观测与资料分析以及有关专题报告编写要求；第5章～第8章为基本技能训练，包括各种专业图件的绘制、资料整理和报告编写要求；第9章分别介绍了吉林大学兴城实习基地、秦皇岛实习基地和吉林大学朝阳校区抽水试验基地的概况。

本书主要供水文与水资源工程专业、地下水科学与工程专业的师生实习使用，也可供其他有关专业的实习作为参考。

图书在版编目（CIP）数据

水文与水文地质教学实习指导 / 方樟等编著. -- 北京 : 中国水利水电出版社, 2019.10
"十三五"普通高等教育实验实训规划教材
ISBN 978-7-5170-8094-7

Ⅰ. ①水… Ⅱ. ①方… Ⅲ. ①水文学—高等学校—教材②水文地质学—高等学校—教材 Ⅳ. ①P33②P641

中国版本图书馆CIP数据核字(2019)第231321号

书　　名	"十三五"普通高等教育实验实训规划教材 **水文与水文地质教学实习指导** SHUIWEN YU SHUIWENDIZHI JIAOXUE SHIXI ZHIDAO
作　　者	方樟　肖长来　王福刚　杜新强　编著
出版发行	中国水利水电出版社 （北京市海淀区玉渊潭南路1号D座　100038） 网址：www.waterpub.com.cn E-mail：sales@waterpub.com.cn 电话：(010) 68367658（营销中心）
经　　售	北京科水图书销售中心（零售） 电话：(010) 88383994、63202643、68545874 全国各地新华书店和相关出版物销售网点
排　　版	中国水利水电出版社微机排版中心
印　　刷	北京市密东印刷有限公司
规　　格	184mm×260mm　16开本　7.75印张　193千字
版　　次	2019年10月第1版　2019年10月第1次印刷
印　　数	0001—1500册
定　　价	**25.00**元

前言

实践教学是本科教学体系的重要组成部分，也是培养综合性高素质人才的重要途径。实践教学不仅仅是使学生获得感性认识和掌握基本方法、基本技术的必要教学环节，其更深刻的内涵是通过实践教学，培养学生学会科学思考。掌握正确的分析方法，锻炼创造性解决实际问题的能力。这就要求实践教学在进行基本知识、基本工作方法和基本技能训练的同时，要树立以培养学生能力为中心的教学理念。这是编写本教材的基本指导思想。

水文与水资源工程、地下水科学与工程两个专业，是我国生态文明建设中必不可少的两个重要专业，也是我国青山绿水、水资源安全、粮食安全、饮水安全保障的基础和骨干专业。专业教学实习的主要内容包括资料收集与分析、气象观测、水均衡试验场观测、现场调查、抽水试验、样品采集与测试分析；包含了启发性教学阶段、独立性教学阶段、协作性教学阶段及创造性教学阶段的基本技能训练。由于实习地点、实习内容、实习方法、实习要求等方面均发生了较大的变化，原有的实习指导书已经不能满足目前的教学实习和人才培养需要，迫切需要一本具有综合性、实用性的教学实习指导。对此，本专业教师吸收了几代专业教师数十年的教学实习经验，积极收集教学实习素材，参考已有实习指导书和有关资料，历时两年，编写了这本教学实习指导。

这本教学实习指导主要包括三个方面的内容：

（1）以进行基本工作方法及基本技能训练为主线的教学内容，包括基本资料的收集与分析、气象观测、水均衡试验场观测、水点调查（地表水——河、湖、水库，地下水——井、泉）、水位及流量观测、抽水试验设计与实施、综合调查点观测与定位方法等，以地下水及与地下水有关的研究为核心内容。

（2）以培养、引导学生进行创造性思维为特色的教学内容，通过 30 多年的实践教学，在河北省秦皇岛、辽宁省兴城教学实习基地设计了 14 条典型实践教学路线，制定了相应的教学内容；同时设计了引导、观察、提问、讨论、总结的教学步骤，要求学生认真观察、独立思考、多角度分析，大胆推理，培养学生进行创造性思维的能力。

(3) 以发挥学生进行创造性思维为重点的教学内容。为完成这个阶段的教学，设计了学生独立进行范围为 $60km^2$ 的水文与水文地质调查、试验、外业、内业整理和总结、编图、编制报告的教学内容，在教学中强调学生的主体地位，充分调动学生学习的自主性，培养学生的创新意识和创新能力。

本教学实习指导主要供水文与水资源工程专业和地下水科学与工程专业的师生实习使用，也可供其他有关专业的实习作为参考。

本教学实习指导由方樟、肖长来、王福刚、杜新强编著，由方樟统稿，肖长来定稿。本指导书以肖长来、曹剑锋、卞建民等人编写的《柳江盆地水文地质实习指导书》(1996 年，未出版) 和肖长来主编的《水文与水资源工程教学实习指导》(2004 年，吉林大学出版社) 为基础，充分吸收王福刚等人编写的《环境水文地质调查实习指导书》(2017 年，地质出版社) 及我校多年来的实践教学经验和研究成果，并参考了有关科研成果和文献。其中第 1 章至第 4 章主要参考肖长来主编的《水文与水资源工程教学实习指导》(2004 年)。第 5 章、第 6 章、第 8 章、第 9 章在对原有内容进行修订的基础上，增加了兴城实习基地的典型路线、环境水文地质问题调查的内容、报告编写相关内容、兴城实习基地和吉林大学朝阳校区抽水试验场地情况的介绍；启发性教学阶段的兴城实习路线确定和编写由地下水科学与工程系的部分老师参与完成；第 7 章协作性教学阶段的基本技能训练为本次新增章节，由马喆撰写完成。

本教学实习指导编写过程中，得到学校教务处、新能源与环境学院、吉林大学兴城实习基地、秦皇岛柳江盆地地质实习基地的有关领导和专家的大力支持，特别是得到学校教务处原副处长高淑贞研究员的悉心关怀，在此深表谢意。同时也感谢为本书中教学路线考察和编写作出贡献的所有教师。因时间水平所限，书中不当之处在所难免，请广大读者及时提出宝贵意见，以使本书能得到进一步提高、完善。

编者

2019 年 5 月

目录

前言

第1章　气象及水均衡要素观测要求 …… 1
1.1　气象观测 …… 1
1.2　水文观测 …… 7
1.3　遥感图像解译 …… 9
第2章　水文与水文地质测绘的基本操作技术 …… 11
2.1　观测点及观测路线要求 …… 11
2.2　流量的测量 …… 11
2.3　地下水位的观测 …… 12
2.4　水样采取 …… 12
2.5　民井简易抽水 …… 13
2.6　钻孔抽水试验 …… 13
2.7　渗水试验 …… 14
2.8　泉的观测记录 …… 14
2.9　水井的观测记录 …… 14
2.10　地表水（河流）调查 …… 15
2.11　水文调查 …… 15
2.12　环境水文地质调查 …… 16
第3章　抽水试验 …… 17
3.1　基本要求 …… 17
3.2　抽水试验孔布置要求 …… 19
3.3　稳定流抽水试验要求 …… 19
3.4　非稳定流抽水试验要求 …… 20
3.5　抽水试验资料整理及参数确定方法 …… 21
第4章　地下水动态观测与资料分析 …… 26
4.1　地下水动态观测工作基本要求 …… 26
4.2　观测点线的布置要求 …… 26

4.3 地下水动态观测项目 …… 27
4.4 地下水动态观测资料整编与分析 …… 27
第5章 启发性教学阶段的基本技能训练 …… 31
5.1 潮水峪凤山组泥质砾屑灰岩裂隙水赋存条件分析 …… 31
5.2 东部落寒武系府君山组灰岩岩溶裂隙水形成条件分析 …… 32
5.3 亮甲山奥陶系下统灰岩岩溶裂隙水形成条件与富集规律 …… 32
5.4 黑山嘴断裂构造低温热水泉的成因分析 …… 33
5.5 石河河谷地表水、地下水形成与分布的调查分析 …… 34
5.6 兴城河河谷地表水、地下水形成与分布的调查分析 …… 35
5.7 老爷庙基岩风化裂隙水成因分析 …… 35
5.8 水东沟寒武系昌平组灰岩岩溶水赋存条件分析 …… 36
5.9 地热温泉成因调查分析 …… 37
5.10 曹庄地区海水入侵成因及分布规律调查分析 …… 38
5.11 兴城河河谷孔隙潜水分布规律与形成特征分析 …… 39
5.12 兴城河流量测验 …… 40
5.13 老边村与长茂村洪水调查 …… 41
5.14 三合水库水源地地表水污染源调查 …… 42
第6章 独立性教学阶段的基本技能训练 …… 43
6.1 孔隙水区的水文地质测绘 …… 43
6.2 岩溶区的水文地质测绘 …… 45
6.3 基岩裂隙水区的水文地质测绘 …… 46
6.4 碎屑岩类孔隙裂隙水区的水文地质测绘 …… 47
6.5 环境水文地质测绘的任务 …… 48
第7章 协作性教学阶段的基本技能训练 …… 50
7.1 土样品的预处理 …… 50
7.2 水样的测试分析 …… 51
7.3 土样品的测试分析 …… 52
7.4 岩土水理性质的测试分析 …… 53
7.5 测试数据的分析整理 …… 53
第8章 创造性教学阶段的基本技能训练 …… 54
8.1 实际材料图的编制 …… 54
8.2 综合水文地质图的编制 …… 56
8.3 地下水化学图的编制 …… 62
8.4 地下水等水位线图的编制 …… 63
8.5 环境水文地质图的编制 …… 63
8.6 资料整理及报告编写 …… 67

第9章　实习基地概况 …… 71
9.1　兴城实习基地概况 …… 71
9.2　秦皇岛实习基地概况 …… 78
9.3　吉林大学朝阳校区抽水试验场地概况 …… 96
附表 …… 99
参考文献 …… 115

第1章 气象及水均衡要素观测要求

气象观测：要求了解各种气象要素的主要观测仪器、相应的观测方法和常用的记录格式，掌握各种气象要素特别是与水资源密切相关的降水、蒸发、气温、湿度等要素的统计分析内容和方法。

水均衡要素观测：通过测定包气带含水率、湿度、水动力参数，确定入渗系数和蒸发系数等，了解各种测试仪器的原理，掌握观测方法，能够利用观测资料进行分析，计算有关水均衡参数。

1.1 气 象 观 测

气象站是进行气象观测的基本机构，也是气象部门对外提供气象信息的基层机构。气象站按不同的标准可分为多种类型。按性质分，有气候站、天气站、农业气象站、航空站、日射站、天气雷达站、海洋气象站、专业（温场、盐场、林场和水库等）气象站、流动气象站（如为跨越长距离的重大活动或体育赛事所设立）等有人气象站，以及无人自动气象站等。按站所的地形特点可以分为高山气象站、海岛气象站、山地气候站等。而按照气象观测资料的处理和交流特征，由气象专门机构主管的气象站又划分成一般气象观测站、基本气象观测站、基准气象观测站、辐射观测站、高空探测站、高空探测交换站、酸雨观测站和天气雷达布点站等。

气象观测一般采用定时观测，即按规定的时次为积累气候资料进行定时气象观测。自动观测项目每天进行24次定时观测；人工观测项目，昼夜守班站每天进行02、08、14、20时四次定时观测，白天守班站每天进行08、14、20时三次定时观测。气象站主要观测项目包括降水、蒸发、气温、地温、日照、风速、风向、湿度、气压等。基准站使用自动气象站后仍然保留每日进行气压、气温、湿度、风向、风速等项目24次人工定时观测。

1.1.1 气温和地温

热量资源指农业生产可利用的热量，它来源于太阳辐射，通常用温度指标加以表示，包括大气温度（气温）和土壤温度（地温）。

1. 气温

气温即大气的温度。通常指的是离地面1.5m左右、处于通风防辐射条件下温度表读取的温度。气温是大气热力状况的数量度量。气温的变化特点通常使用平均温度和极端值——绝对最高温度、绝对最低温度来表示，地理位置、海拔、气块运动、季节、时间以及地面性质都是影响气温分布和变化的因素。

气温观测采用温度表（计），通常放置于百叶箱内。百叶箱壁用双层百叶木片做成，一面向内倾斜，一面向外倾斜，空气可自由流通。百叶片宽26mm，厚6mm。百叶箱离地面要有一定的高度标准，一般是1.5m左右；箱门朝北，安置在固定的架子上，架底高出地面 1.25m。箱门前面安置一个小矮梯。在百叶箱里一般放有温度表（最高温度表、最低温度表）及湿度表等。天气预报中每天报告的最高温度或最低温度，就是根据百叶箱中温度表的观测数据而确定的。

平均气温是空气温度的平均值。因要求不同，故有各种计算方法。在地面气象观测中，一般以一日内各次定时气温观测值的平均值作为日平均气温。按候、旬、月和年等的逐日平均气温的平均值，分别作为候、旬、月和年等的平均气温。当有多年观测资料时，亦可计算出任一指定时段内的历年平均气温，如历年一月平均气温，即是各年一月平均气温的平均值。

最高气温是一定时间或一定空间内空气温度的最高值，例如大陆上一日内最高气温一般出现在 14 时前后。最低气温是一定时间或一定空间内空气温度的最低值，例如大陆上一日内最低气温一般出现在拂晓前后。

极端气温是极端最高气温与极端最低气温的统称。极端最高气温是指多次最高气温值中的极大值，极端最低气温是指多次最低气温值中的极小值。就一地而言，有候、旬、月、年和历年的极端最高气温和极端最低气温，均由逐日最高、最低气温值中选出。最热月气温指一年中气温最高的月份的各日平均气温的平均值。最冷月气温指一年中气温最低的月份的各日平均气温的平均值。

气温日变化是二日内气温高低的变化，一般指一日中气温的周期性变化。一日内气温最高值与最低值的差称为气温日较差，它反映了一日内气温变化的幅度。气温年变化是一年内气温高低的变化，一般指一年中气温的周期性变化。一年内最热月气温与最冷月气温的差值称为气温年较差，它反映了一年内气温变化的幅度。

温度变幅是气温变化的幅度，有日变幅和年变幅之分。日变幅是指一日内最高气温与最低气温之差，年变幅是指一年内最高气温与最低气温之差。

2. 地温

地温是指地面温度和地中温度。地面温度用地面温度表测定，其感应部分水银管的上半部分暴露在空气中，而下半部分则埋入土壤中；这样测出的温度已不是气温，而是大气与地表结合部的温度状况。地中温度指地表面以下一定深度处的土壤温度，用曲管地温表、直管地温表或插入式地温表测定。气象站一般观测地面以及地面以下 5cm、10cm、15cm、20cm、40cm、80cm、160cm 和 320cm 深度的地温，以及地面每天的最高、最低温度。从地面到 20cm 深度每天观测 4 次，40cm 及以下每天观测 1 次，因为地下深处地温的日变化很小。

1.1.2　降水

降水主要指从云中下降的液态或固态水，如雨、雪、冰雹等。降水量观测项目一般包括测记降雨、降雪、降雹的水量；单纯的雾、露、霜可不测记。必要时部分站还应测记雪深、冰雹直径、降水强度、初霜和终霜日期等特殊观测项目。水量的观测时间以北京时间为准，记起止时间者，观测时间记至分；不记起止时间者，记至小时。每日降水以北京时间 8 时为日分界，即从前日 8 时至当日 8 时的降水为昨日降水量。降水量为一定时段内，降落在平地上（假定无渗漏、蒸发、流失等）的降水所积成的水层厚度（如为固态降水则须折合成液态水计算），以 mm 表示。

气象站主要采用雨量器来测定降水量。雨量器由承雨器、储水筒、储水器和器盖等组成，并配有专用量雨杯。雨量器是一个直径 20cm 的金属圆筒。筒高 58cm，分为上下两节，下节高 35cm，里面装有一个储水瓶。把储水瓶中的水倒进特制的量杯，就可以知道当日的降雨量（水深）。应用能自记雨量的自记雨量器，可以测量各个时段降水的强度。雨量器和自记雨量计的承雨器口内径采用 200mm，允许误差为 0～0.6mm。雨量器的安装高度为 0.70m，自记雨量计的安装高度为 0.70m 或 1.20m；杆式雨量器的安装高度不超过 3.0m。

雨量等级划分标准见表 1.1。

表 1.1　　雨量等级

等级	12h 降水总量/mm	24h 降水总量/mm
小雨、阵雨	＜5.0	0.1～9.9
中雨	5.0～14.9	10.0～24.9
大雨	15.0～29.9	25.0～49.9
暴雨	30.0～69.9	50.0～99.9
大暴雨	70.0～139.9	100.0～249.9
特大暴雨	＞140.0	＞250.0

降水的季节分配指月降水量（或季降水量）占年降水总量的比例。降水的年际变化指年与年之间降水量的变化。一般年降水量多的地区，降水的年际变化小；而年降水量少的地区，降水的年际变化大。

降水变率是一定时段内（一般取月、季或年）历年降水量的变化程度。常用绝对变率和相对变率表示。绝对变率是指一定时段内逐年降水量距绝对值的平均数；相对变率是指绝对变率与该时段的历年平均降水量的比值。降水变率大，表示降水量的年际变化大，容易发生旱涝灾害。

降水保证率是降水量在一定数值以上所可能发生的频率，即累积频率，称为降水保证率。降水保证率的大小决定了农业水分保证程度的高低。

降水日数指一定时期内降水的总日数。我国气象观测中规定：以日降水量大于等于 0.1mm 的日数作为降水日数。气象气候中一般按旬、月或年进行统计。在农业气候资源计算中，常需要统计作物生长期中的降水日数。

降水量观测记录可采用表 1.2 规定的格式。

表 1.2　　降水量观测记录表

月份　　　　（采用　　　　段次）　　　　第　　页

日	观测时间 时　分	实测降水量 /mm	日降水量 /mm	备注	日	观测时间 时　分	实测降水量 /mm	日降水量 /mm	备注

1.1.3　蒸发

蒸发是温度低于沸点时，水分子从液态或固态水的自由面逸出而变成气态的过程或现象。发生于河流、湖泊、水库等自由水面的蒸发称为水面蒸发，发生于陆地表面的蒸发称为陆地蒸发。

蒸发量是一定时段内从一定的表面积的水面或冰雪面上可能逸出的水汽量。通常所指的蒸发量实际上是指水汽分子从蒸发而逸出的通量与水汽分子返回蒸发面的通量之差，即蒸发而净逸出的水汽通量。气象上通常用所蒸发的水层厚度（mm）来表示蒸发量的大小。

水面或土壤的水分蒸发量，分别用不同的蒸发器测定。一般温度越高，湿度越小，风速越大，气压越低，则蒸发量就越大；反之蒸发量就越小。土壤蒸发量和水面蒸发量的测定，在农业生产和水文工作上非常重要。雨量稀少、地下水源及流入径流水量不多的地区，如蒸发量很大，极易发生干旱。

测定蒸发量的仪器称为蒸发皿。它的规格大都和雨量筒一样，也是 20cm 直径的圆形器皿，皿口上沿也高出地面 70cm；蒸发皿深 10cm。正是因为它的厚度小于直径才称为皿。水文部门还采用大型蒸发皿（直径 601mm）观测蒸发量，用以代替水面实际蒸发量（通常 E20＞E601）。

每天向蒸发皿中加入 2cm 深的水层，晚上把余水倒进量杯，量出剩余水深。用 2cm 减去剩余水深就是当天的蒸发量。如果当天有雨，余水中还要扣除当天的降水量。这就是蒸发皿的直径和离地面高度都要和雨量筒一致的原因。否则，两者就不能简单相减。由于蒸发量和降水量一样，都是每天 20 时观测一次，因此测得的是日蒸发量。日降水量和日蒸发量实际上都是昨天 20 时到今天 20 时的量。

蒸发皿观测记录格式见表 1.3。

表 1.3　　**蒸发皿观测记录表**

编号：　　马氏瓶截面：　　年：

月．日	观测时分	观测值/cm	注水后观测值/cm	蒸发截面×高差	入渗量	观测员	备注

1.1.4　湿度

湿度是表示空气中水汽含量或空气干湿程度的物理量。有绝对湿度、相对湿度、饱和差和露点等多种表示方法。湿度的大小和增减，会直接或间接地引起云、雾、降水等现象的演变。

气象部门测定的空气湿度有好几种，包括相对湿度、绝对湿度、水汽压和露点等。相对湿度是其中最常用的。相对湿度的单位是百分数（%），空气中没有水汽时相对湿度为零，空气中容纳水汽已达到最大限度时（称空气饱和），相对湿度就是 100%。

测量空气湿度通常用干湿球温度表。它是两支同样的温度表，干球温度表用来测量气温；湿球温度表的水银球用湿润纱布包裹着，纱布下端浸在水盂里。使湿球纱布始终保持湿润状态（因而称为湿球温度表）。湿球纱布上的水在空气没有达到饱和时会不断蒸发。蒸发的快慢决定于空气相对湿度，湿度大时蒸发慢，湿度小时蒸发快。湿度是100%时，空气中所含水汽已饱和，水分停止蒸发。水分蒸发是要消耗热量的，这样湿球温度表的读数就会减小。因此，除了空气饱和，即相对湿度为100%（此时湿球温度表的读数和干球温度表一样）。此外，干球温度表的读数总比湿球温度表的读数要高。两者差值越大表示空气越干燥，相对湿度越低。因此利用干湿球温度差值可以知道空气相对湿度的高低。利用气象部门已出版的对照表册，可以很方便地查取所需数据。

绝对湿度是单位体积空气中所含水汽的质量，一般用$1m^3$空气中所含水汽的克数表示，单位为g/m^3。相对湿度是大气中实际水汽含量与饱和时水汽含量的比值。由于水汽含量与水汽压成正比，所以相对湿度数值上也等于实际水汽压与同温度下饱和水汽压之比值，即$f(\%)=\frac{e}{E}\times 100\%$，式中$f$为相对湿度，以百分数表示，表示实际水汽压，单位为hPa；E为饱和水汽压（同一温度下，水汽压的最大值）。

干燥度是某一时期的可能蒸发量与同期降水量的比值，用以大致表示降水对植物需水的保证程度。$K=\frac{E}{B}=0.16\frac{T}{R}$，式中，$K$为干燥度，$E$为可能蒸发量，$T$为日平均气温10℃的积温；$0.16T$大约相当于同期间的可能蒸发量；$R$为同期降水量。

1.1.5 气压

气压是与大气接触的表面上，由于空气分子的碰撞在单位面积上所受到的力。其值等于单位横截面上所承受的垂直空气柱的重量。气压的单位为hPa。气压按指数律随高度递减。

目前我国气象站上一般都用水银气压表测定大气压力，也就是应用托里拆利实验的原理。当外界气压升高时，大气压力会自动把水银槽中的水银压进管腔中使水银柱长高；反之，气压下降时，水银柱会自动降低，水银自动流回槽里。不过，在实际业务观测中，水银柱高度的读数还要进行三项订正，也就是气温订正（订正到0℃），海拔高度订正（订正到海平面上）和纬度订正（订正到45°纬度上）。因为只有这样，世界各地的气压值才能进行比较。气压的三项订正都有表可查，十分简单方便。

1.1.6 日照

太阳照射时间的长短称为日照时数，简称日照。单位为h，它又分为可照时数和实照时数两种。从日出到日没的时间称为可照时数，在这段时间内实际有太阳照射的时间称为实照时数。可照时数和实照时数的百分比称为日照百分率。日照百分率可以衡量一个地区在某一时期的日照条件。2004年新推出的《地面气象观测规范》中规定，用直接辐射不小于$120W/m^2$作为有日照时间。

观测日照时间长短的仪器称为日照计。我国大多数气象台站用的是暗筒式日照计，其主体是一个圆筒，筒上两侧各有一小孔，让阳光照到筒内涂有感光剂的感光纸上。除正午一两分钟内两孔可同时进光外，其余时间都是一孔进日光，东侧孔射进上午阳光，西侧孔射进下午阳光。因此感光纸上每天有两道感光迹线，迹线的长度就是日照时间。上下午日照时间加起来就是全天的日照时间。

日照计一般安装在观测场南面，离地1.2m高的木架上，也可安装在观测方便的平台或屋顶上。安装时要使仪器的底座水平，筒口一端对准正北方，使正午时的日光恰恰同时射入日照仪两边的小孔，并须调整指针使其所示刻度与当地的纬度相符。日照纸上纵线为时间线，每格一小时。它是用柠檬酸铁氨和赤血盐按比例配制成的感光液，均匀涂在纸上，阴干后再放入日照计暗筒内，并用压纸铜条将纸压好，盖上筒盖。每天傍晚日落后换日照纸。根据日照纸上感光迹线的长度，可以算出日照时数。

1.1.7 风

风是指空气流动的现象。气象上常将空气在水平方向的流动称为风，垂直方向的空气运动则称为升降气流。通常用风向和风速（或风级、风力）表示风。风是促使广大地区产生冷、热和干、湿交换以及天气变化的重要条件，风是自然能源之一。

现在我国的测风仪器主要是国产的电接风向风速仪，是风杯式的。由于风速总有阵性，读瞬时风速代表性不大，因此观测风速规定取2min的平均值。只要风速仪的指针一旦达到17m/s，气象员就必须记载这一天为大风日，而不管它持续多长时间。大风日数是一种很重要的天气日数。如果观测时没有风，则称为静稳，用符号C表示，写在观测簿内。对风的观测还要进行年、月的统计。

风向常以16或8个方位表示，也可用矢量相对于子午线的角度来表示，取北为0°或360°（表1.4），风向的变化常常很快，因而气象上观测风向有瞬间风向和平均风向之分。通常所说的风向不是瞬间的风向，而是观测约1min（或2min）的平均风向。空中风向是施放测风气球、雷达（探）测其方位角和仰角，然后经过计算得出来的。离地面10m上空的风向，通常用电动式测风器测得。

表1.4　风向与方位角对照表

中文	英文	度数/(°)	中文	英文	度数/(°)
北	N	0或360	南	S	180.0
北北东	NNE	22.5	南南西	SSW	202.5
东北	NE	45.0	西南	SW	225.0
东北东	ENE	67.5	西南西	WSW	247.5
东	E	90.0	西	W	270.0
东南东	ESE	112.5	西北西	WNW	292.5
东南	SE	135.0	西北	NW	315.0
南南东	SSE	157.5	北北西	NNW	337.5

风向频率是某地一定时段内不同风向出现的百分率。常根据不同风向频率绘出风向频率图，也称为“风玫瑰”。

风速是单位时间内风的行程，常以m/s、km/h或mile/h表示。风速变化常显示气流运动的特征，有时为天气变化的先兆。平均风速是一定时段内风速的平均值。通常目测风速以2min平均值为准，风速仪测定风速以10min平均值为准。一日内各次风速的平均值为日平均风速，日平均风速的月平均值为月平均风速，日平均风速的年平均值为年平均风速。最大风速是一定时段（一般是10min）内平均风速的最大值。通常有日、月和年最大风速三种。

风级是根据风对地面（或海面）物体影响程度而定出的风的等级，常用以估计风力的大小。最初由英国人蒲福拟定，故又称蒲福风级。原来共定自 0 到 12 共 13 个等级，后又几经修改，增加到 18 个等级（表 1.5）。

表 1.5　　风力等级标准（蒲福风级表）

风力级数	名称	风速/(m/s)	风力级数	名称	风速/(m/s)
0	静风	0～0.2	9	烈风	20.8～24.4
1	软风	0.3～1.5	10	狂风	24.5～28.4
2	轻风	1.6～3.3	11	暴风	28.5～32.6
3	微风	3.4～5.4	12	飓风	32.7～36.9
4	和风	5.5～7.9	13	—	37.0～41.4
5	清劲风	8.0～10.7	14	—	41.5～46.1
6	强风	10.8～13.8	15	—	46.2～50.9
7	疾风	13.9～17.1	16	—	51.0～56.0
8	大风	17.2～20.7	17	—	56.1～61.2

大风是风力大到对生产、生活有影响的风。我国气象观测规定：瞬时风速等于或大于 17.0m/s，或风力达 8 级或其以上者称大风。造成大风的原因很多，主要是低气压的发生、发展和冷空气南下所致。大风全年都能发生，但以春季最为频繁。

1.2 水 文 观 测

1.2.1 水文观测的范围与内容

水文观测是水文传感器技术与采集、存储、传输、处理技术的集成。

观测范围：江、河、湖泊、水库、渠道和地下水等水文参数。

观测内容：水位、流量、流速、降雨（雪）、蒸发、泥沙、冰凌、墒情、水质等。

1.2.2 水位的采集和传输

用于自动化监测的水位传感器主要有浮子式水位计、压力式水位计、电子水尺和超声波水位计等。这些传感器可以直接接到远程终端单元（RTU）上，自动监测水位参数。地下水位的监测与地表水相同。

目前，省水文监测站与各采集点之间的数据通信主要采用手工抄录或 PSTN 电话线传输。采用电话线传输数据时，由于每次拨号都需要等待，速度慢，而且费用也较高。同时，由于各监控点分布范围广、数量多、距离远，个别点还地处偏僻，因此需申请很多电话线，而且有些监控点有线线路难以到达。

GPRS 具有速度快、使用费用低的特点，其传输速度可达 171.2kb/s。与有线通信方式相比，采用 GPRS 无线通信方式则显得非常灵活，它具有组网灵活、扩展容易、运行费用低、维护简单、性价比高等优点。因此，目前正考虑采用 GPRS 无线传输方式解决污染源监测数据的实时传输问题。

1.2.3　流速（流量）的采集和传输

流速仪最主要的形式是旋杯式（图 1.1）和旋桨式（图 1.2）。在水流中，杯形或桨形转子的转数 N、历时 T 与流速 v 之间存在 $v=KN/T+C$ 的关系。K 是水力螺距，C 是仪器常数，要在室内长水槽内检定。测验时，测定历时和转数，可得出流速。

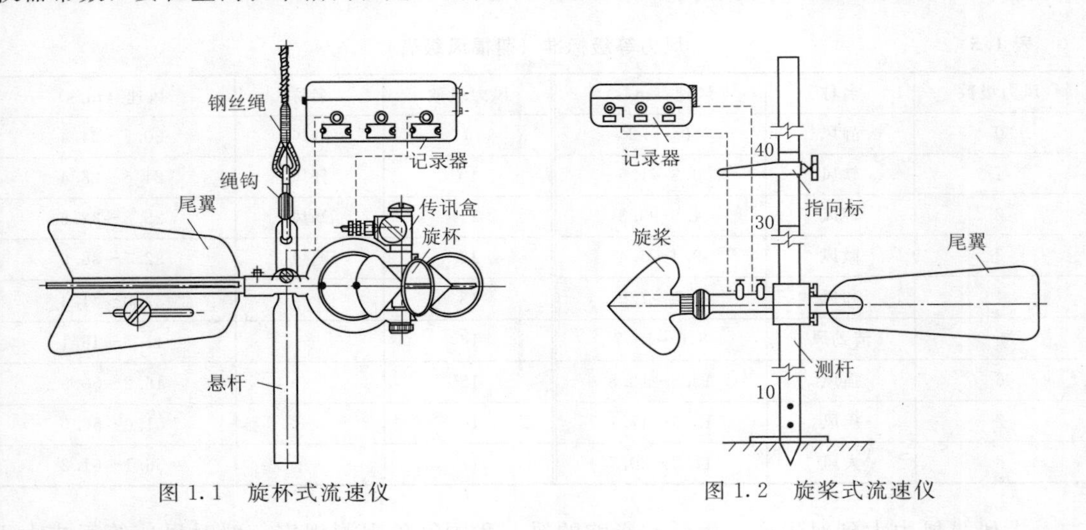

图 1.1　旋杯式流速仪　　　　图 1.2　旋桨式流速仪

1.2.4　原位观测试验

1.2.4.1　土壤含水量测定

包气带是指地下水面以上至地表面之间与大气相通的含有气体的地带。从地面向下，岩石和土中的水分分布可划分为结合水带、孔角毛细水带、悬挂毛细水带、支持毛细水带和饱水带，其中前四个带属于包气带。

目前通常采用中子水分仪测定包气带的水分，所测的土壤含水量一般情况下是半径为 10～15cm 球体内的平均含水量，测点间距采用 10cm 制。测量时间一般分为 16s、64s、16min 和 64min 共 4 个计数档次，多采用 16s 计，可反复多测几次。表层 0～30cm 土层的含水量可以采用烘干法测定。

中子仪孔观测记录格式见表 1.6。

表 1.6　　　　中子仪孔观测记录

年　月　日

编号：　标准计数：　　　　编号：　标准计数：

测深/cm	读　数	测深/cm	读　数
20		20	
40		40	
60		60	
80		80	
100		100	
120		120	
⋮		⋮	

记录人：　　　　观测人：

1.2.4.2 土水势能测定

总土水势（土壤水分势能）是指土水系统在各种因素综合作用下所具有的总势能。总土水势由压力势、基质势、溶质势、重力势和温度势五部分组成。压力势是土水系统中任一点承受超过基准压力的静水压力，$\Psi_P=\gamma_w h$，为水容重 γ_w 和地下水面以下的深度 h 之积，在包气带（非饱和土壤）中，$\Psi_P=0$。基质势 Ψ_m 是由于土水系统中土壤颗粒（基质）具有吸引、保持水分的特性所引起的势能。重力势 Ψ_Z 是由重力对土壤水作用的结果，其大小仅仅取决于由测定点到参照基准面的垂直距离。溶质势 Ψ_s 是土壤水中所有溶液对土水势影响作用的结果。温度势 Ψ_T 是由于温度变化所产生的水势。

由于土壤中不存在半透膜，溶质势可认为是零，在恒温条件下温度势也为零，因此总土水势一般为压力势、基质势、重力势三者之和，通常称为水力势。

测定基质势有负压计、吸力板、超速离心机、吸湿法、沙型漏斗和压力膜仪等方法。负压计法设备简单，操作方便。土壤负压计由陶土头（直径 2cm，长度 6cm）、集气管和负压表三部分组成。试样罐由筒身（厚壁有机玻璃，内径 10.2cm，高 14.8cm，壁厚 5mm）、筒盖和底托盘三部分组成。其他装置有真空饱和装置、小型鼓风机、天平、烘箱、温度计等。

负压计观测记录格式见表 1.7。

表 1.7 负压计观测记录

年 月 日

编号：		编号：	
测深/cm	读 数	测深/cm	读 数
20		20	
40		40	
60		60	
80		80	
100		100	
120		120	
⋮		⋮	

记录人： 观测人：

随着自动监测技术的快速发展，目前土水势的测定可以用自动监测系统来进行。

1.2.4.3 土壤入渗与蒸发观测

利用试验场地中蒸渗仪结合马氏瓶等，可以测定土壤水分入渗及蒸发量。

1.2.4.4 地下水位观测

采用测钟法、电测水位计法及其他仪器，对长观井和其他井孔进行地下水位长期监测。

1.3 遥感图像解译

1.3.1 遥感图像解译的一般要求

（1）遥感图像解译主要适用于前期论证阶段和初步勘察阶段。解译工作应先于水文地质测绘，并贯穿其整个过程，以提供编写设计、布置水文地质观测路线的依据，达到减少水文地质测绘工作量，提高工作精度的目的。

（2）一般使用的遥感图像为卫星图像和航空相片，必要时，在卫星图像和航空相片解译的基础上提出课题，进行红外扫描或其他专门遥感飞行，获得相应的遥感图像。

（3）通过遥感图像解译，应提交与测绘比例尺相同的遥感图像水文地质解译图及文字说明。根据需要，可分别编制地貌、地质构造解译图、相片镶嵌图和典型相片图等。

（4）通过遥感图像解译，能够解决或基本能够解决某地区的水文地质问题，对该地区可不做或少做水文地质测绘工作，以减少野外工作量。

1.3.2　遥感图像解译的基本要求

（1）进行相片质量鉴定。在搜集和分析已有资料（包括不同地质体的光谱特征资料）和野外踏勘调查的基础上，建立地质、水文地质直接和间接解译标志。

（2）应选用不同时间、不同波段、不同比例尺卫星图像进行水文地质对比解译。图像比例尺可根据卫星图像质量放大到 1∶500000 至 1∶250000。

（3）使用的航空相片比例尺，尽量接近水文地质测绘比例尺，一般不宜小于 1∶50000。

（4）为发挥卫星图像视域范围大、反映构造轮廓清楚的客观效果和航空相片局部细节详细的长处，卫星图像和航空相片最好结合使用。但在进行区域地质、水文地质解译时，卫星图像也可单独使用。

（5）遥感图像解译一般采用目视解译和航空立体镜的光学机械解译，尽可能采用假彩色合成为主的电子光学解译和计算机图像处理，以提高解译水平。

（6）遥感图像解译应结合已有的地面地质、物探、钻探等资料进行。

（7）单张相片及镶嵌图的解译结果，可采用徒手或仪器转绘到与测绘比例尺相应的地形底图上，统一编绘成解译成果图。

1.3.3　遥感图像主要解译内容

（1）划分主要地貌单元，判定地貌形态、成因类型及地貌形态与地质构造、地层岩性、地下水分布的关系。

（2）地质构造基本轮廓、新构造形迹、裸露及隐伏的线性构造位置。

（3）各种岩溶形态和成因类型。

（4）解译各种水文地质现象，判定泉点、泉群、地下水溢出带和地表水渗失带位置，圈定地表水体的范围，分析水系发育特征。

（5）古河道、浅层淡水的分布范围。

（6）分析地下水补给、径流、排泄等区域水文地质条件。

1.3.4　遥感图像室内解译成果的野外验证

野外验证一般包括下列内容：直接和间接解译标志；外推解译成果；解译新增加的及隐伏的地质、水文地质问题。

验证方法：通过路线踏勘或水文地质测绘对新增或外推的地质、水文地质解译成果进行验证，以期达到减少测绘工作量的目的；通过勘探对隐伏的地质、水文地质问题进行验证，必要时可专门布置少量的物探、钻探工作。

第2章　水文与水文地质测绘的基本操作技术

本章是野外水文与水文地质测绘的基本操作技术，要掌握流量与水位观测、水样采集、抽水和渗水试验、泉、水井、地表水调查的基本操作技术、基本方法和技术要求。

水文地质测绘的比例尺，普查阶段宜为1∶100000～1∶50000；详查阶段宜为1∶50000～1∶25000；勘探阶段宜为1∶10000或更大比例尺。各种调查点的位置，可采用罗盘、GPS结合典型的地形地物确定，应准确绘到底图上。

2.1　观测点及观测路线要求

水文地质测绘的观测路线宜按下列要求布置：沿垂直岩层或岩浆岩体构造线走向；沿地貌形态变化显著方向；沿河谷沟谷和地下水露头较多的地带；沿含水层走向。

水文地质测绘的观测点宜布置在下列地点：地层界线、断层线、褶皱轴线、岩浆岩与周围接触带、标志层、典型露头和岩性岩相变化带等。地貌分界线和自然地质现象发育处。井、泉、钻孔、矿井、坎儿井、地表塌陷、岩溶水点（如暗河出、入口）、落水洞、地下湖和地表水体等。

水文地质测绘每平方千米的观测点数和路线长度可按表2.1确定。同时进行地质和水文地质测绘时，表中地质观测点数应乘以2.5；进行复核性水文地质测绘时，观测点数为规定数的40%～50%。水文地质条件简单时采用小值，复杂时采用大值，条件中等时采用中间值。进行水文地质测绘时，可利用现有遥感影像资料进行判释与填图，以减少野外工作量和提高图件的精度。

表2.1　　　　水文地质观测点及观测路线要求

测绘比例尺	地质观测点数/(个·km²)		水文地质观测点数/(个·km²)	观测路线长/(km·km²)
	松散层地区	基岩地区		
1∶100000	0.10～0.30	0.25～0.75	0.10～0.25	0.50～1.00
1∶50000	0.30～0.60	0.72～2.00	0.20～0.60	1.00～2.00
1∶25000	0.60～1.80	2.50	1.00～2.50	2.50～4.00
1∶10000	1.80～3.60	3.00～8.00	2.50～7.50	4.00～6.00
1∶5000	3.60～7.20	6.00～16.00	5.00～15.00	6.00～12.00

2.2　流量的测量

2.2.1　堰测法

当涌水量小于10L/s时，用三角堰；大于10L/s时，采用梯形堰或矩形堰测量（见

图 2.1）。测得堰口高度（h）及堰口宽度 b（单位为 cm），分别用下列公式计算：

三角堰　$Q=0.014h^{3/2}$

梯形堰　$Q=0.0186bh^{3/2}$

矩形堰　$Q=0.018bh^{3/2}$

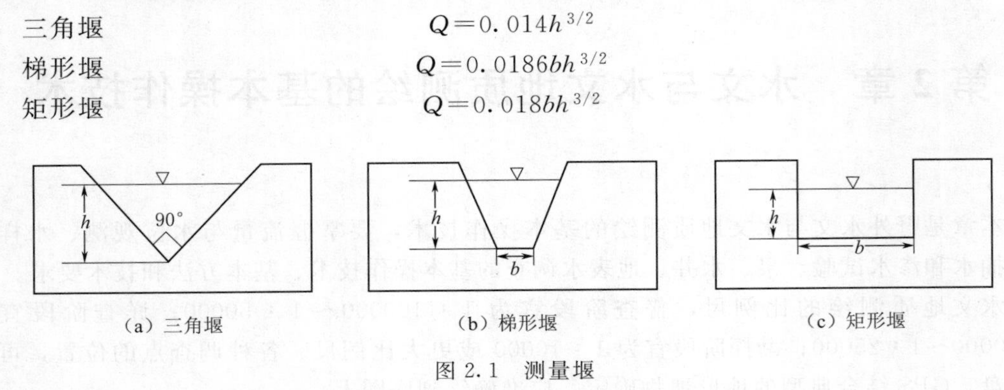

图 2.1　测量堰

为了工作方便，以上几种堰都有专门换算表。测量时按下列要求去做：

(1) 在离泉出口处不少于 1～2m 的距离上进行测量。

(2) 当流量与流速很大时，让水流出一定距离进行测量。

(3) 堰板要放直（不要有前后、左右的歪扭）。

(4) 水头高度标尺的零点和堰槛位于同一高度上，若用直尺或三角板测量水头高度，应将测尺的平面与水流方向平行。

思考题：如不按上述要求做，会出现什么问题？

2.2.2　容量法

用水桶或其他容器，按时剂量测出流量，常用于流量较小的泉或民井抽水。

2.2.3　断面法

选择水流平稳的渠段，测定水深、流速，进而可求得流量。

2.3　地下水位的观测

(1) 测钟：当地下水位埋深较浅时，常用测钟。当测钟接触到地下水面时，发出嗡嗡声，此时测量测钟绳长，即为地下水位埋深。

(2) 电测水位计或万用电表：电测水位计或万用电表是目前常用的测量地下水位的工具，其优点是简便、准确、不受地下水位埋深的限制。但测量时测绳必须伸直，应反复试测，以便准确找到水面位置。

(3) 其他仪器：目前国内外均有地下水位仪可用于地下水位测量，如水位传感器，可以存储数据，并可通过远程监控监测地下水位。

2.4　水　样　采　取

野外测绘中采取水样必须遵守下列规则：

(1) 要从水面以下 0.2～0.5m 处取样。

(2) 在停滞的水体或水中采取水样，应将死水抽去后，再采取新鲜水样；采取河水水样时，应在水流较缓的地段采取。

（3）在取样前应将已洗净的水样瓶用所取之水仔细冲洗 2～3 次。

（4）取样时不宜把瓶装满，应留 1～2cm 空隙。

（5）取好水样应立即密封，用纱布将瓶口缠好，然后用蜡封住。

（6）取特殊要求水样时应加稳定剂另取一瓶水样，如分析水中侵蚀性 CO_2 的含量时，则应另取一瓶水样加入大理石粉。

2.5 民井简易抽水

（1）选择新井或近期淘过的井，井尽量选择易透水的井壁结构。

（2）井的卫生条件较好，附近没有污染源，并有良好的排水条件。

（3）要测得准确的天然静止水位。

（4）水位降深应大于 0.50m，允许变化幅度 2cm，水位和流量同时趋近稳定状态后延续时间不得小于 2h。

（5）绘制 $s-t$，$s'-t$，$Q-f(s)$ 曲线。

（6）计算稳定用水量及渗透系数。

民井简易抽水一般适用于了解浅层含水层的富水性和透水性。

2.6 钻孔抽水试验

2.6.1 要求

（1）根据规范定额要求，对揭露了主要含水层（富水性强，厚度大）的某些钻孔作三次水位降深单孔抽水试验。每次降深稳定的延续时间应随含水层性质而定，松散结构的含水层一般采用趋近稳定状态以后再延续 8h 即可。而对于裂隙岩层或岩溶含水层可增加 2～3 台班。此外，应考虑钻孔的目的，确定抽水延续时间。

（2）抽水试验误差范围的要求：用离心泵或深井泵抽水，水位、流量观测时间间隔可按稳定流或非稳定流抽水要求进行，同时要测水温和气温。

2.6.2 技术成果

抽水试验结束后应编制下列曲线图：

（1）$Q-t$，$s-t$ 曲线。

（2）$Q-s$ 曲线。

（3）$q-s$ 曲线。

（4）应采水样进行水质分析。

（5）应提交下列内容的图表。

1）钻孔的地质柱状图，各种简易观测的曲线图，包括岩心采取率曲线、钻进速度曲线、水位变化曲线、冲洗液消耗量曲线等，编制泥浆稠度或比重的变化曲线。

2）抽水试验图表：抽水试验成果表、$Q-f(s)$ 曲线图、$q-f(s)$ 曲线图、水位恢复曲线图、施工技术资料表。

3）水质分析表。

4）钻孔位置示意图。

5）K 值的计算结果。

2.7 渗 水 试 验

当野外抽水试验设备缺乏时，可采用试坑抽水试验法，测定包气带非饱和岩层的渗透系数。有条件可采用单环法或双环法以提高精度。

试坑法是在表层干土中挖一试坑，坑底要离潜水位 3～5m 以上，向试坑内注水，必须使试坑中的水位式中高出坑底约 10cm，为便于观测坑内水位，在坑底设一标尺，求出单位时间内从坑底渗入的水量 Q，除以坑底面积 F，即得出平均渗透速度 $V=Q/F$。当坑底水柱高度不大（等于 10cm）时，可以认为水力梯度近似为 1，因而 $K=V$。

2.8 泉的观测记录

（1）把泉统一编号标记在图上，并描述泉出露的位置，属于何种地貌单元，如河谷、盆地、冲沟、峡谷及山麓等，标出泉相对河水面高程及居民的方位和距离。

（2）详细描述泉出露点的地质条件，并选择典型方位作剖面图及泉出露地段的平面图，应表示出岩层性质、地质构造特点，松散沉积物中应阐明沉积物成因类型、岩性、结构等。

（3）测定泉水温度，判明水的物理性质及气体成分，并去水样作化学成分鉴定。

（4）观察泉水出露形态，自然流出的（渗出的、滴出的）或涌出的是否有间歇性流量变化。

（5）观察出露处是否有沉积物质——泉华（矿质的、钙质的、配黄的、铁质的等）。

（6）测定泉水流量，了解访问泉水动态。

（7）调查泉的使用情况，是否有引水工程。

（8）确定泉的类型，按泉的形成分类有侵蚀泉、接触泉和断层泉；按泉的水力特征分类有上升泉和下降泉。

2.9 水井的观测记录

（1）水井的位置：村庄内、外；平原、高地、斜坡、洼地冲沟；在河、湖、池塘、沼泽岸上，距离水体多远，是否曾被洪水淹没。

（2）井的坐标、地面标高、井口标高、井底深度。

（3）水位埋深。

（4）井的地层柱状图。

（5）井壁的结构及井口形态。

（6）建井年代及最近一次淘井的时间。

（7）取水设备及用水量。

（8）井的涌水量（可作简易抽水试验或访问）。

（9）井水的物理性质，记录水温、气温、颜色、透明度、气味、味道等。

（10）井水的动态：丰水年、枯水年的井水位变化情况，年内水位变化情况，井水的用途及附近的卫生环境状况。

（11）井位的平面图及示意剖面图。

2.10 地表水（河流）调查

（1）河流所在地区的标高，河流发源地，流往何处，有哪些支流。

（2）旱季与雨季河水的宽度、深度，涨水时水位上升幅度。

（3）测量水的流速、流量。

（4）河床、河岸的性质，陡岸还是平缓岸，河床是砂质的、石质的，还是黏土质的，河床生长的植物，河岸的淹没情况。

（5）河水的污染情况。

（6）河水的利用情况。

（7）河水与地下水的补、排关系（位量、地点、补排量）。

2.11 水 文 调 查

2.11.1 水文调查内容

调查内容主要包括：

（1）地表水类型、位置、名称、调查点坐标及高程、地表水体的规模。

（2）地表水的流量、水位、水质、水温、含沙量及其动态变化。

（3）河床、湖底的岩性及淤塞情况，岸边岩性及其稳定性。

（4）地表水（包括农田灌溉和污水排放等）与地下水（包括暗河及泉、泉群）的补排关系。

（5）地表水利用现状及其作为人工补地下水的可行性。

在某些情况下，为了专门目的，需进行专门的水文调查。根据实践水文调查可以分为洪水、枯水及暴雨调查；流域、水系以及水文、水资源调查；洪泛区调查和水资源调查等。

2.11.2 其他调查内容

（1）地貌形态、成因类型及各地貌单元的界线和相互关系，查明地层、构造、含水层的分布、地下水富集等与地貌形态的关系。

（2）地层岩性、成因类型、时代、层序及接触关系，查明地层岩性与地下水富集的关系。

（3）褶皱、断裂、裂隙等地质构造的形态、成因类型、产状及规模，查明褶皱构造的富水部位及向斜盆地、单斜构造可能形成自流水的地质条件，判定断层带和裂隙密集带的含水性、导水性、富水地段的位置及其与地下水活动的关系，确定新构造的发育特点与老构造的成生关系及其富水性。

（4）调查地下水、地表水开采利用情况，搜集水文气象资料，综合分析区域水文地质条件。

2.12　环境水文地质调查

环境水文地质调查是运用地质科学、水文地质科学和环境科学的理论与方法，对一定区域的地质水文地质环境（包括原生和次生）进行系统的调查研究。

2.12.1　环境水文地质调查的主要任务

环境水文地质调查的任务就是调查自然因素和人类活动共同作用下，对地下水环境产生的负效应的现状、产生原因、发展趋势，并提出防控措施。具体任务包括：

(1) 水文地质条件调查：查明主要含水层和隔水层的分布和特征，包括分布范围、埋藏条件，地下水类型、补给、径流和排泄条件；地下水动态特征和水化学特征。

(2) 环境水文地质问题调查：包括水量问题、水质问题；在有地方病现象的地区，进行地方病调查。明确地下水污染物质的来源、污染途径、污染范围、污染程度，地下水环境背景值，元素迁移、富集规律，地下水中某些元素的过量或缺失与人体健康的关系；查明已发生和可能发生的环境水文地质问题，分析研究其成因。

(3) 水、土、生态环境质量和综合环境质量评价与预测。

(4) 提出水、土环境的防治措施或改水防病措施，为城市规划、建设和工农业发展提供环境水文地质依据。

2.12.2　环境水文地质调查的主要工作内容

(1) 环境水文地质基础背景调查。主要包括自然地理、社会经济、地质及水文地质条件的调查，主要为水文地质调查内容。

(2) 主要环境水文地质问题调查，如地面沉降、地下水污染、土壤污染调查、土壤次生沼泽化和次生盐渍化调查、城乡环境水文地质调查、城市垃圾填埋场调查、矿山固体废弃物调查、海水入侵调查、海岸带变迁调查、地方病区环境水文地质调查等。

第3章 抽 水 试 验

抽水试验是确定含水层参数，了解水文地质条件的主要方法。采用主孔抽水、带有多个观测孔的群孔抽水试验，包括非稳定流和稳定流抽水实验，要求观测抽水期间和水位恢复期间的水位、流量、水温、气温等内容。要求了解试验基地及其所在地区的水文气象、地质地貌及水文地质条件，了解并掌握抽水试验的目的意义、工作程序、现场记录的主要内容、数据采集与处理方法，掌握相关资料的整理、编录方法和要求，了解对抽水试验工作质量进行评价的一般原则，能够利用学过的理论及方法进行水文地质参数计算，并对参数的合理性和精确性进行分析和检验。

3.1 基 本 要 求

掌握抽水试验的目的、分类、方法及准备工作。

3.1.1 抽水试验的目的

（1）确定含水层及越流层的水文地质参数：渗透系数 K、导水系数 T、给水度 μ、弹性释水系数 μ^*、导压系数 a、弱透水层渗透系数 K'、越流系数 b、越流因素 B、影响半径 R 等。

（2）通过测定井孔涌水量及其与水位下降（降深）之间的关系，分析确定含水层的富水程度、评价井孔的出水能力。

（3）为取水工程设计提供所需的水文地质数据，如影响半径、单井出水量、单位出水量、井间干扰出水量、干扰系数等，依据降深和流量选择适宜的水泵型号。

（4）确定水位下降漏斗的形状、大小及其随时间的增长速度；直接评价水源地的可开采量。

（5）查明某些手段难以查明的水文地质条件，如确定各含水层间以及与地表水之间的水力联系、边界的性质及简单边界的位置、地下水补给通道、强径流带位置等。

3.1.2 抽水试验分类

抽水试验主要分为单孔抽水、多孔抽水、群孔干扰抽水和试验性开采抽水。

（1）单孔抽水试验：仅在一个试验孔中抽水，用以确定涌水量与水位降深的关系，概略取得含水层渗透系数。

（2）多孔抽水试验：在一个主孔内抽水，在其周围设置若干个观测孔观测地下水位。通过多孔抽水试验可以求得较为确切的水文地质参数和含水层不同方向的渗透性能及边界条件等。

（3）群孔干扰抽水试验：在影响半径范围内，两个或两个以上钻孔中同时进行的抽水试验；通过干扰抽水试验确定水位下降与总涌水量的关系，从而预测一定降深下的开采量或一定开采定额下的水位降深值，同时为确定合理的布井方案提供依据。

（4）试验性开采抽水试验：是模拟未来开采方案而进行的抽水试验。一般在地下水天然补给量不很充沛或补给量不易查清，或者勘察工作量有限而又缺乏地下水长期观测资料的水源地，为充分暴露水文地质问题，宜进行试验性开采抽水试验，并用钻孔实际出水量作为评价地下水可开采量的依据。

3.1.3　抽水试验的方法

单孔抽水试验采用稳定流抽水试验方法，多孔抽水、群孔干扰抽水和试验性开采抽水试验一般采用非稳定流抽水试验方法。在特殊条件下也可采用变流量（阶梯流量或连续降低抽水流量）抽水试验方法。抽水试验孔宜采用完整井（巨厚含水层可采用非完整井）。观测孔深应尽量与抽水孔一致。

3.1.4　抽水试验准备工作

（1）除单孔抽水试验外，均应编制抽水试验设计任务书。

（2）测量抽水孔及观测孔深度，如发现沉淀管内有沉砂应清洗干净。

（3）做一次最大降深的试验性抽水，作为选择和分配抽水试验水位降深值的依据。

（4）在正式抽水前数日对所有的抽水孔和观测孔及其附近有关水点进行水位统测，编制抽水试验前的初始水位等水位线图，如果地下水位日变化很大时，还应取得典型地段抽水前的日水位动态曲线。

（5）为防止抽出水的回渗，在预计抽水影响范围内的排水沟必须采取防渗措施。当表层有 3m 以上的黏土或亚黏土时，一般可直接挖沟排水。

（6）需要对多层含水层地下水进行分层评价时，应分层进行抽水试验，或用井中流速、流量仪解决分层抽水问题。

抽水试验工作量要求见表 3.1。

表 3.1　抽水试验工作量一览表

<table>
<tr><th>勘察阶段</th><th colspan="2">试　验　类　别</th><th>孔隙水</th><th>岩溶水</th><th>裂隙水</th></tr>
<tr><td rowspan="4">初步勘察阶段</td><td rowspan="2">单孔抽水</td><td>抽水钻孔占控制性勘探孔（不包括观测孔）数的百分比/%</td><td>>60</td><td colspan="2">凡具有供水价值和对参数计算有意义的钻孔均应抽水</td></tr>
<tr><td>稳定时间/h</td><td colspan="3">8～24</td></tr>
<tr><td rowspan="2">多孔抽水</td><td>抽水孔组数</td><td colspan="3">每个有供水价值的参数区至少 1 组</td></tr>
<tr><td>最短延续时间/d</td><td>7</td><td colspan="2">10</td></tr>
<tr><td rowspan="6">详细勘察阶段</td><td rowspan="3">群孔干扰抽水</td><td>抽水孔组数</td><td colspan="2">1</td><td></td></tr>
<tr><td>总抽水量占提交可开采量的百分比/%</td><td>>30</td><td>>50</td><td></td></tr>
<tr><td>最短延续时间/d</td><td>10</td><td>15</td><td></td></tr>
<tr><td rowspan="3">试验性开采抽水</td><td>抽水孔组数</td><td colspan="2">1*</td><td>1</td></tr>
<tr><td>总出水量</td><td colspan="3">接近需水量</td></tr>
<tr><td>最短延续时间/d</td><td colspan="3">30(枯水期进行)</td></tr>
</table>

* 凡做了群孔干扰抽水试验的水源地，可不做试验性开采抽水试验。

3.2 抽水试验孔布置要求

3.2.1 抽水孔的布置要求

抽水孔的布置应符合下列要求：

(1) 对勘察区水文地质条件具有控制意义的典型地段，应布置单孔抽水试验孔，根据单孔抽水试验资料计算的水文地质参数编制参数分区图。

(2) 多孔抽水试验孔组，一般参照导水系数分区图，并结合水文地质条件布置，每个有供水意义的参数区至少布置一组，其抽水试验资料所求参数可作为该区计算参数（不用平均参数）。

(3) 群孔干扰抽水试验和试验性开采抽水试验应在拟建水源地范围内，选择有代表性的典型地段，并结合开采生产井布置。

3.2.2 观测孔的布置要求

观测孔的布置应符合下列要求：

(1) 为了计算水文地质参数，在抽水孔的一侧宜垂直地下水的流向布置 2～3 个观测孔。

(2) 为了测定含水层不同方向的非均质性或确定抽水影响半径，可以根据含水层的不同情况，以抽水孔为中心布置 1～4 条观测线；如有两条观测线，一条垂直地下水流向，另一条宜平行地下水流向。

(3) 群孔干扰抽水试验和试验性开采抽水试验应在抽水孔组中心布置一个观测孔；为查明相邻已采水源地的影响，应在连接两个开采中心方向布置观测孔。为确定水位下降漏斗形态和补给（或隔水）边界，应在边界和外围一定范围内布设一定数量的观测孔。

(4) 多孔抽水试验的第一个观测孔应尽量避开三维流的影响，相邻两观测孔的水位下降值相差不小于 0.1m，最远观测孔的下降值不宜小于 0.2m，各观测孔应在对数数轴上呈均匀分布。

(5) 在半承压水含水层进行抽水试验时，宜在观测孔附近覆盖层（半透水层或弱含水层）中布置副观测孔。

(6) 在进行试验性开采抽水试验时，应在水位下降漏斗范围内的重要建筑物附近增设工程地质、环境地质观测点。

3.3 稳定流抽水试验要求

3.3.1 水位降深

稳定流抽水试验一般进行三次水位降深，最大降深值应按抽水设备能力确定。水位降深顺序，基岩含水层一般宜先大后小，松散含水层宜按先小后大逐次进行。

3.3.2 涌水量及水位变化

在稳定延续时间内，涌水量和动水位与时间关系曲线在一定范围内波动，而且没有持续上升或下降的趋势。当水位降深小于 10m，用压风机抽水时，抽水孔水位波动值不得超过 10～20cm；用离心泵、深井泵等抽水时，水位波动值不超过 5cm。一般不应超过平均水位降深值的1%，涌水量波动值不能超过平均流量的3%。

注意：①当有观测孔时，应以最远观测孔的动水位来判定；②应考虑自然水位影响；③在滨海地区应考虑潮汐对动水位的影响。

3.3.3 观测频率及精度要求

（1）水位观测时间一般在抽水开始后第1、3、5、10、20、30、45、60、75、90min进行观测，以后每隔30min观测一次，稳定后可延至1h观测一次。水位读数应准确到厘米（cm）。

（2）涌水量观测应与水位观测同步进行；当采用堰箱或孔板流量计时，读数应准确到毫米（mm）。

注意：为保证测量精度要求，可根据流量大小，选用不同规格的堰箱。当流量小于10L/s时，堰箱断面面积应大于25dm^2（即0.5×0.5m）；流量为10～50L/s时，堰箱断面面积应大于100dm^2（即1×1m）；流量为50～100L/s时，堰箱断面面积应大于200dm^2（即1×2m）。

（3）水温、气温宜2～4h观测一次，读数应准确到0.5℃，观测时间应与水位观测时间相对应。

3.3.4 恢复水位观测要求

停泵后应立即观测恢复水位，观测时间间隔与抽水试验要求基本相同。若连续3h水位不变，或水位呈单向变化，连续4h内每小时水位变化不超过1cm，或者水位升降与自然水位变化相一致时，即可停止观测。

试验结束后应测量孔深，确定过滤器掩埋部分长度。淤砂部位应在过滤器有效长度以下，否则，试验应重新进行。

3.4 非稳定流抽水试验要求

3.4.1 钻孔涌水量

钻孔涌水量应保持常量，其变化幅度不大于3%。

3.4.2 抽水延续时间

抽水延续时间除满足表3.1的要求外，并可结合最远观测孔水位下降与时间关系曲线［S（或Δh^2）-lg$t$］来确定。

（1）当S（或Δh^2）-lg$t$曲线至拐点后出现平缓段，并可以推出最大水位降深时，抽水方可结束。

注意：在承压含水层中抽水，采用S-lg$t$曲线，在潜水含水层中抽水采用Δh^2-lg$t$曲线。Δh^2是指潜水含水层在自然情况下的厚度H和抽水试验时的厚度h的平方差，即$\Delta h^2=H^2-h^2$。

（2）当S（或Δh^2）-lg$t$曲线没有拐点或出现几个拐点，则延续时间宜根据试验的目的确定。

3.4.3 观测频率及精度要求

观测频率及精度应符合下列要求：

（1）水位观测宜按第0.5、1、1.5、2、2.5、3、3.5、4、5、6、7、8、10、12、15、

20、25、30、40、50、60、75、90、105、120min 进行观测，以后每隔 30min 观测一次，其余观测项目及精度要求可参照稳定流抽水试验要求进行。

（2）抽水孔与观测孔水位必须同步观测。

（3）抽水结束后，或试验期间因故中断抽水时，应观测恢复水位，观测频率应与抽水时一致，水位应恢复到接近抽水前的静止水位。

3.4.4 群孔干扰抽水试验要求

群孔干扰抽水试验除按非稳定流抽水要求进行外，还应满足下列要求：

（1）干扰孔之间的距离，应保证一孔抽水，使另一孔产生一定的水位削减。

（2）水位降深次数应根据设计目的而定，一般应尽抽水设备能力做一次最大降深。

（3）各干扰孔过滤器的规格和安装深度应尽量相同。

（4）各抽水孔抽水的起止时间应该相同。

（5）试验过程中，宜同时对泉和可能受影响的地表水点进行水位、流量和水温的观测。

3.4.5 试验性开采抽水试验

试验性开采抽水试验除按群孔干扰抽水要求进行外，还应满足下列要求：

（1）抽水试验一般在枯水期进行。

（2）抽水钻孔总涌水量尽量接近设计需水量。

（3）水位下降漏斗中心水位稳定时间不宜少于一个月。

（4）若水位不能达到稳定，应及时调节总涌水量，使其达到稳定。

3.5 抽水试验资料整理及参数确定方法

3.5.1 抽水试验资料整理

试验期间，对原始资料和表格应及时进行整理。试验结束后，应进行资料分析、整理，提交抽水试验报告。

单孔抽水试验应提交抽水试验综合成果表，其内容包括：水位和流量过程曲线、水位和流量关系曲线、水位和时间（单对数及双对数）关系曲线、恢复水位与时间关系曲线、抽水成果、水质化验成果、水文地质计算成果、施工技术柱状图、钻孔平面位置图等。并利用单孔抽水试验资料编绘导水系数分区图。

多孔抽水试验还应提交抽水试验地下水水位下降漏斗平面图、剖面图。

群孔干扰抽水试验和试验性开采抽水试验还应提交抽水孔和观测孔平面位置图（以水文地质图为底图）、勘察区初始水位等水位线图、水位下降漏斗发展趋势图（编制等水位线图系列）、水位下降漏斗剖面图、水位恢复后的等水位线图、观测孔的 $S-t$、$S-\lg t$ 曲线、各抽水孔单孔流量和孔组总流量过程曲线等。

注意：①要消除区域水位下降值；②在基岩地区要消除固体潮的影响；③傍河抽水要消除河的水位变化对抽水孔水位变化的影响。

多孔抽水试验、群孔干扰抽水试验和试验性开采抽水试验均应编写试验小结，其内容包括：试验目的、要求、方法、获得的主要成果及其质量评述和结论。

3.5.2 稳定流抽水试验求参方法

求参方法可以采用Dupuit公式法和Thiem公式法。

1. 只有抽水孔观测资料时的Dupuit公式

承压完整井：

$$K=\frac{Q}{2\pi s_w M}\ln\frac{R}{r_w}$$

$$R=10s_w\sqrt{K}$$

潜水完整井：

$$K=\frac{Q}{\pi(H^2-h^2)}\ln\frac{R}{r_w}$$

$$R=2s_w\sqrt{KH}$$

式中：K 为含水层渗透系数，m/d；Q 为抽水井流量，m^3/d；s_w 为抽水井中水位降深，m；M 为承压含水层厚度，m；R 为影响半径，m；H 为潜水含水层厚度，m；h 为潜水含水层抽水后的厚度，m；r_w 为抽水井半径，m。

2. 当有抽水井和观测孔的观测资料时的Dupuit公式或Thiem公式

承压完整井：

$$h_1-h_w=\frac{Q}{2\pi KM}\ln\frac{r_1}{r_w}$$

Thiem公式：

$$h_2-h_1=\frac{Q}{2\pi KM}\ln\frac{r_2}{r_1}$$

潜水完整井：

$$h_1^2-h_w^2=\frac{Q}{\pi KM}\ln\frac{r_1}{r_w}$$

Thiem公式：

$$h_2^2-h_1^2=\frac{Q}{\pi KM}\ln\frac{r_2}{r_1}$$

式中：h_w 为抽水井中水柱高度，m；h_1、h_2 为与抽水井距离为 r_1 和 r_2 处观测孔（井）中水柱高度（m），分别等于初始水位 H_0 与井中水位降深 s 之差，$h_1=H_0-s_1$；$h_2=H_0-s_2$。其余符号意义同前。

当潜水井中的降深较大时，可采用修正降深。修正降深 s' 与实际降深 s 之间的关系为

$$s'=s-\frac{s^2}{2H_0}$$

3.5.3 非稳定流抽水试验求参方法

3.5.3.1 承压水非稳定流抽水试验求参方法

1. Theis配线法

在两张相同刻度的双对数坐标纸上，分别绘制Theis标准曲线 $W(u)-1/u$ 和抽水试验

数据曲线$s-t$，保持坐标轴平行，使两条曲线配合，得到配合点M的水位降深［s］、时间［t］、Theis井函数［$w(u)$］及［$1/u$］的数值，按下列公式计算参数（r为抽水井半径或观测孔至抽水井的距离）：

$$T=\frac{0.08Q}{[s]}[w(u)];\qquad K=\frac{T}{M}$$

$$s=\frac{4T[t]}{r^2\left[\frac{1}{u}\right]};\qquad a=\frac{r^2}{4[t]\left[\frac{1}{u}\right]}$$

以上为降深-时间法（$s-t$）。也可以采用降深-时间距离法（$s-t/r^2$）、降深-距离法（$s-r$）进行参数计算。

2. Jacob直线图解法

当抽水试验时间较长，$u=r^2/(4at)<0.01$时，在半对数坐标纸上抽水试验数据曲线$s-t$为一直线（延长后交时间轴于t_0，此时$s=0.00$m），在直线段上任取两点t_1、s_1、t_2、s_2，则有

$$T=\frac{0.183Q}{s_2-s_1}\ln\frac{t_2}{t_1}$$

$$s=\frac{2.25Tt_0}{r^2};\qquad a=\frac{r^2}{2.25t_0}$$

3. Hantush拐点半对数法

对半承压完整井的非稳定流抽水试验（存在越流量，K'/b'为越流系数），当抽水试验时间较长，$u=r^2/(4at)<0.1$时，在半对数坐标纸上抽水试验数据曲线$s-t$，外推确定最大水位降深S_{max}，在$s-\lg t$线上确定拐点$S_i=S_{max}/2$，拐点处的斜率m_i及时间t_i，则有

$$m_i=\frac{s_2-s_1}{\lg t_2-\lg t_1}$$

$$\frac{2.3s_i}{m_i}=e^{\frac{r}{B}}K_0\left(\frac{r}{B}\right)$$

查表求得　$e^{\frac{r}{B}}K_0\left(\frac{r}{B}\right),\frac{r}{B}$

则

$$T=\frac{0.183Q}{m_i}e^{-\frac{r}{B}}$$

$$s=\frac{2Tt_i}{Br}$$

$$\frac{K'}{b'}=\frac{T}{B^2}$$

4. 水位恢复法

当抽水试验水位恢复时间较长，$u=r^2/(4at)<0.01$时，在半对数坐标纸上绘制停抽后水位恢复数据曲线$s-t$，在直线段上任取两点t_1，s_1，t_2，s_2，则有

$$T=\frac{0.183Q}{s_1-s_2}\ln\frac{t_2}{t_1}$$

$$a=\frac{r^2}{2.25t_1}10^{\frac{s_0-s_1}{s_1-s_2}\lg\frac{t_2}{t_1}}$$

$$s=\frac{T}{a}$$

5. 水位恢复的直线斜率法

当抽水试验水位恢复时间较长，$u=r^2/(4at)<0.1$ 时，在半对数坐标纸上绘制停抽后水位恢复数据曲线 $s-t$，直线段的斜率为 B，则有

$$T=\frac{2.3Q}{4\pi B}$$

$$B=\frac{s_r}{\lg\frac{t}{t'}}$$

$$t'=t-t_0$$

3.5.3.2　潜水非稳定流抽水试验求参方法

潜水参数计算可采用仿泰斯公式法、Boulton 法和 Neuman 法。

1. 仿泰斯公式法

$$H_0^2-h_w^2=\frac{Q}{2\pi K}W(u)$$

$$u=\frac{r^2}{4at}=\frac{r^2\mu}{4Tt}$$

式中：H_0、h_w 为初始水头及抽水后井中水头；$W(u)$ 为泰斯井函数；Q 为抽水井的流量，m^3/d；r 为到抽水井的距离，m；t 为自抽水开始起算的时间，d；T 为含水层的导水系数，m^2/d；$T=Kh_m$，其中，h_m 为潜水含水层的平均厚度，m；K 为含水层的渗透系数，m/d；a 为含水层的导压系数，1/d；μ 为潜水含水层的给水度。

具体计算时可采用配线法、直线图解法、水位恢复法等。

2. 潜水完整井考虑迟后疏干的 Boulton 公式

$$s=\frac{Q}{4\pi T}\int_u^\infty\frac{2}{x}\left\{1-e^{-u_1}\left[chu_2+\frac{\alpha\eta(1-x^2)t}{2u_2}shu_2\right]\right\}J_0\left(\frac{r}{\nu D}x\right)dx$$

$$=\frac{Q}{4\pi T}w\left(u_{a,y},\frac{r}{D}\right)$$

式中：

$$\nu=\sqrt{\frac{\eta-1}{\eta}}=\sqrt{\frac{\mu}{\mu^*+\mu}}$$

$$\eta=\frac{\mu^*+\mu}{\mu^*}$$

$$D=\sqrt{\frac{T}{\alpha\mu}}\text{（疏干因素）}$$

抽水早期：

$$s=\frac{Q}{4\pi T}W\left(u_a,\frac{r}{D}\right)$$

$$u_a=\frac{r^2}{4at}=\frac{r^2\mu^*}{4Tt}$$

抽水中期：

$$s=\frac{Q}{2\pi T}K_0\left(\frac{r}{D}\right)$$

抽水晚期：

$$s=\frac{Q}{4\pi T}W\left(u_y,\frac{r}{D}\right)$$

$$u_y=\frac{r^2}{4at}=\frac{r^2\mu}{4Tt}$$

可根据抽水早期、中期、晚期的观测资料，采用相应的方法计算参数。

3. Neuman 法

对于潜水含水层完整井非稳定流抽水试验，也可以采用 Neuman 模型求参，具体求参过程可参阅《地下水动力学》等教科书。

3.5.4　参数计算结果的验证

上述参数计算结果的精度如何，取决于试验场地水文地质条件的概化，也取决于观测数据的精度。对于所求得的参数，应将其代入相应的公式，通过对比计算降深与实测降深的差值，分析所求参数的精度及其可靠性和代表性，最终确定抽水试验场地的有代表性意义的参数值。

第4章 地下水动态观测与资料分析

地下水动态观测与资料分析的目的是使调查者了解地下水动态观测的水位、水量、水温、水质等主要观测内容，掌握相应的观测要求及观测方法，能够绘制地下水动态曲线图及平面图等基础图件，并能够进行相关的分析研究。可以选用现有观测井进行典型调查与观测，采用罗盘、便携式GPS或带有定位功能的手机现场定位。

4.1 地下水动态观测工作基本要求

（1）初步勘察阶段：建立控制性观测点，观测持续时间应满足一个水文年，对于小型水源地或设计开采量远远小于补给量的水源地可缩短到半年（含枯水期），初步掌握地下水动态规律。

（2）详细勘察阶段：健全地下水动态观测点、网。在多含水层地段，应分层（段）观测。观测持续时间一般不少于一个水文年，用以查明地下水动态年内变化规律，确定地下水动态类型及影响因素，计算水均衡参数，进行地下水动态趋势预报。

（3）开采阶段：应在详细勘察阶段观测点、网的基础上，根据地下水开采管理模型和因开采而出现的水文地质问题，调整观测点、网，查明地下水动态年际变化规律，开采降落漏斗范围及发展趋势。为扩大水源地和研究水源地区域水位下降、水质污染和恶化、地面沉降、地面塌陷、海水入侵等环境水文地质工程地质问题，提供基础资料。

4.2 观测点线的布置要求

（1）地下水动态观测点，应尽量利用已有的勘探钻孔、水井和泉。被利用的观测点，应有完整的水文地质资料。

（2）观测点、网应结合水文地质参数分区布置，每个参数区均应设立观测点。

（3）地下水补给边界处要控制一定数量的观测孔。

（4）为查明两个水源地的相互影响，应在连接两个开采漏斗中心线方向上布置观测线，在开采漏斗内应适当加大观测点密度。

（5）在多层含水层分布地区，应布置分层观测孔组。

（6）为查明污染源对水源地地下水水质的影响，观测孔应沿污染源至水源地的方向布置，并使观测线贯穿水源地各个卫生防护带。

（7）为查明地下水与地表水之间的补排关系，应垂直地表水体的岸边布置观测线，并对地表水水位、流量、水温、水质进行分段观测。

（8）为查明咸水与淡水分界面动态特征，应垂直咸水与淡水的分界面布置观测线。

（9）基岩地区应在主要构造富水带、岩溶大泉、地下河出口处及地下水与地表水相互转化处布置观测点。

4.3 地下水动态观测项目

地下水动态观测项目包括水位、水温、水量、水质、涌水量5方面内容。

(1) 地下水水位观测，一般每5天观测一次，丰水期或水位急骤变化期可增加观测频率。对于大面积开采地下水的地区，为了解枯、丰水期区域水位的变化，应增设临时统测点、网，同时还应选择典型观测孔，用自记水位计连续观测。

(2) 地下水水温观测，一般要求选择控制性观测点，与地下水水位同时观测。

(3) 地下水水量观测，一般应逐旬对地下水天然露头（泉、地下河出口等）及自流井进行流量观测，雨季加密观测。每年对生产井开采量至少进行一次系统调查和测量。

(4) 地下水水质观测，一般在枯、丰水期分别采样，观测水质的季节性变化。地下水受污染的地区，可增加采样次数和分析项目。

(5) 为查明地下水动态与当地水文、气象因素的相互关系，应系统搜集测绘范围内多年的水文、气象资料。在水文、气象资料不能满足地下水均衡计算的地区，应对水文、气象做短期观测工作。

4.4 地下水动态观测资料整编与分析

4.4.1 地下水动态观测资料整编

资料整编步骤：考证基本资料，审核原始监测资料，编制成果图表，编写资料整编说明，整编成果的审查验收、存储与归档。

统计数值时，平均值采用算术平均法，尾数按四舍五入处理；挑选极值时，若多次出现同一极值，则记录首次出现者的发生时间。

资料整编说明应包括：资料整编的组织时间、方法、内容及工作量概况；监测井网的调整变更情况；监测方法精度、高程测量校测和测具检定概况；监测资料的质量评价；存在问题及改进意见。

地下水动态观测记录格式见表4.1～表4.5。

表4.1　　地下水逐日水位监测原始记载表

____年_____省（自治区、直辖市）_____县（旗、市）

<table>
<tr><td colspan="2">监测井编号</td><td></td><td rowspan="2">位置</td><td colspan="2" rowspan="2">____乡(镇)____村
____方向距离____ m</td><td rowspan="2">地面高程/m</td><td rowspan="2"></td><td rowspan="2">井口固定点高程/m</td><td rowspan="2"></td><td rowspan="2">井深/m</td><td rowspan="2"></td></tr>
<tr><td colspan="2">监测井名称</td><td></td></tr>
<tr><td colspan="2">监测日期</td><td colspan="3">井口固定点至地下水面距离/m</td><td rowspan="2">地下水埋深/m</td><td rowspan="2">地下水位/m</td><td colspan="5" rowspan="2">备　注</td></tr>
<tr><td>月</td><td>日</td><td>一次读数</td><td>二次读数</td><td>平均值</td></tr>
<tr><td rowspan="8"></td><td>1</td><td></td><td></td><td></td><td></td><td></td><td></td><td></td><td></td><td></td><td></td></tr>
<tr><td>2</td><td></td><td></td><td></td><td></td><td></td><td></td><td></td><td></td><td></td><td></td></tr>
<tr><td>3</td><td></td><td></td><td></td><td></td><td></td><td></td><td></td><td></td><td></td><td></td></tr>
<tr><td>……</td><td></td><td></td><td></td><td></td><td></td><td></td><td></td><td></td><td></td><td></td></tr>
<tr><td>28</td><td></td><td></td><td></td><td></td><td></td><td></td><td></td><td></td><td></td><td></td></tr>
<tr><td>29</td><td></td><td></td><td></td><td></td><td></td><td></td><td></td><td></td><td></td><td></td></tr>
<tr><td>30</td><td></td><td></td><td></td><td></td><td></td><td></td><td></td><td></td><td></td><td></td></tr>
<tr><td>31</td><td></td><td></td><td></td><td></td><td></td><td></td><td></td><td></td><td></td><td></td></tr>
</table>

记载_____年　月　日　校核_____年　月　日　复核_____年　月　日

表 4.2　　　　　　　　**地下水 5 日水位监测原始记载表**

____年______省（自治区、直辖市）______县（旗、市）

监测井编号			位置	____乡（镇）____村	地面高程/m	井口固定点高程/m	井深/m
监测井名称				____方向距离____m			
监测日期		井口固定点至地下水面距离/m			地下水埋深/m	地下水位/m	备　注
月	日	一次读数	二次读数	平均值			
	1						
	6						
	11						
	16						
	21						
	26						

记载______年　　月　　日　校核______年　　月　　日　复核______年　月　日

表 4.3　　　　　　　　**地下水统测水位监测原始记载表**

____年______省（自治区、直辖市）______县（旗、市）

统测井编号	位置				井深/m	固定点高程/m	地面高程/m	统测日期		井口固定点至地下水水面距离			地下水埋深/m	地下水水位/m	备注
	乡（镇）	村	方向	m				月	日	一次读数/m	二次读数/m	平均值/m			

记载______年　　月　　日　校核______年　　月　　日　复核______年　月　日

表 4.4　　**水表法地下水水量监测原始记载表**

____年____省（自治区、直辖市）____县（旗、市）____乡（镇）

监测井编号		上年最后一次读表时间	____年 ____月____日	井深 /m			
监测井名称							
位置	____村____方向距离____ m	上年最后一次水表读数	m^3	出水管内径	mm	水泵型号	

读水表数时间			本次水表读数/m^3	上次水表读数/m^3	本次与上次水表读数差/m^3	本次与上次水表读数期间间隔		本次与上次水表读数期间累计开泵时间		地下水开采量/m^3	备注
月	日	时				d	h	d	h		
1											
2											
3											
4											
5											
6											
7											
8											
9											
10											
11											
12											

记载____年　月　日　校核____年　月　日　复核____年　月　日

表 4.5　　**地下水水温监测原始记载表**

____年____省（自治区、直辖市）____县（旗、市）

监测井编号		监测井名称		位置	____乡（镇）____村____方向____m

日期		监测时间																
		2 时				8 时					14 时				20 时			
月	日	地下水水温/℃			气温/℃	地下水水温/℃			气温/℃	地下水埋深/m	地下水水温/℃			气温/℃	地下水水温/℃			气温/℃
		一次读数	二次读数	平均值		一次读数	二次读数	平均值			一次读数	二次读数	平均值		一次读数	二次读数	平均值	
1	6																	
	16																	
	26																	
12	6																	
	16																	
	26																	

记载____年　月　日　校核____年　月　日　复核____年　月　日

4.4.2　地下水动态观测资料整理要求

（1）地下水动态观测各项实际资料必须及时整理，认真审查，编录地下水动态观测资料统计表。

（2）编制地下水动态观测实际材料图，绘制地下水水位、水温、水质动态单项历时曲线及综合历时曲线，必要时应绘制地下水动态与开采量、气象、水文等关系曲线图。

（3）利用地下水动态观测资料，结合气象、水文、水文地质和地下水开发利用等资料，进行水文地质参数分析与计算，确定和选用合理的水文地质参数，为地下水资源计算与评价提供基础依据。可以利用动态资料分析法计算降水入渗系数、水位变动带给水度、含水层渗透系数、潜水蒸发系数、潜水蒸发极限深度等参数。

（4）利用地下水动态观测资料，结合气象、水文、水文地质和地下水开发利用等资料，进行地下水资源计算与评价，为国民经济发展和生态环境建设提供水资源保障。

4.4.3　地下水动态简报

地下水动态简报分汛期地下水动态简报、年地下水动态简报。编制内容应包括：

（1）本年（汛期）内降水量的时空分布概况，与上年汛期降水量时空分布的比较，与多年平均（多年汛期平均）降水量的比较。

（2）本年（汛期）末及年（汛期）内最高、最低地下水位（或埋深）的时空分布概况，与上年（汛期）末及年（汛期）内最高、最低地下水位（或埋深）时空分布的比较。

（3）本年（汛期）内地下水开采量，与上年（汛期）地下水开采量的比较。

（4）本年（汛期）内水文地质环境问题概况，与上年（汛期）水文地质环境问题的比较。

（5）降水量、开采量、水位（或埋深）、水质的动态变化，对当地地下水资源量的影响。

（6）编制上述所列内容的统计表，编制年降水量等值线图，年末及年内最高、最低地下水位（或埋深）等值线图表，格式及编图说明可由各省（自治区、直辖市）自行制定。汛期地下水动态简报于当年 11 月下旬发布，年地下水动态简报于次年 3 月下旬发布。

4.4.4　地下水动态分析报告提纲

地下水动态分析报告提纲内容包括：

（1）目的及意义。

（2）气象水文及水文地质条件。

（3）地下水动态的影响因素及类型划分。

（4）利用动态资料计算水文地质参数。

（5）地下水动态变化规律及趋势分析。

（6）结论及建议。

（7）附图附表，包括实际材料图（井孔平面图）、水文地质剖面图、井孔柱状图、地下水动态曲线图（水位、水量、水温、水质）、动态求参数据表。

第5章　启发性教学阶段的基本技能训练

本教学阶段的目的是通过教师现场有启发性的教学与指导，使学生能够了解和掌握各种类型地下水的赋存条件和富集规律，并能结合地形地貌、气象水文、地层岩性和地质构造等基本条件进行较为深入的分析。

5.1　潮水峪凤山组泥质砾屑灰岩裂隙水赋存条件分析

5.1.1　教学目的

（1）掌握凤山组泥质砾屑灰岩地下水形成与富集的基本条件。

（2）比较凤山组裂隙地下水的形成条件与东部落府君山组岩溶裂隙水形成条件有何不同。

5.1.2　背景条件

潮水峪泉位于潮水峪沟的沟头，在两条小溪交汇处的东侧，该泉现已被村民开发堆砌成井引用。

在泉的补给区分布着大面积寒武系凤山组砾屑灰岩。该灰岩质地坚硬、裂隙比较发育。发育有NS、EW、NE向三组裂隙。层面产状292°∠17°，与山坡坡向相近。泉口西侧有一条闪长岩脉，灰黑色，致密坚硬，宽1.70～1.80m，走向320°～325°，近直立。其附近灰岩裂隙发育，见有小的牵引褶皱。泉水季节变化大，2001年8月尚有泉水流出，2002年8月泉已干涸。据泉南侧民井水位分析，水位比泉口低3m左右，水位下降较大，补给条件不好，含水层渗透、调蓄能力差。

5.1.3　教学内容

（1）观察潮水峪村东山坡凤山组砾屑灰岩的岩性、分布范围、裂隙的发育状况，并选择典型地段统计裂隙率。

（2）观察闪长玢岩岩脉的岩性、产状、宽度及其围岩接触带处的特征，分析其水文地质意义。

（3）观察描述泉水出露的地形、地质、水文地质条件。

（4）测量泉的流量、水文，访问泉水动态。

（5）绘制泉附近的水文地质平面图和剖面图。

5.1.4　问题讨论

（1）试分析泉水的成因。

（2）寒武系凤山组砾屑灰岩裂隙水的形成与富集条件是什么？

（3）泉水为什么在岩脉东侧出露而不在西侧出露？富水带应如何圈定？

（4）泉水的动态变化特点证明哪些水文地质问题？

5.1.5　编写报告

《潮水峪凤山组砾屑灰岩裂隙水赋存条件分析报告》

5.2　东部落寒武系府君山组灰岩岩溶裂隙水形成条件分析

5.2.1　教学目的

（1）了解寒武系府君山组的岩性特征、分布范围以及灰岩岩溶、裂隙的发展情况。

（2）认识府君山组灰岩岩溶含水系统的特征及岩溶水的富集规律。

5.2.2　背景条件

东部落村位于一小型山间盆地，盆地西部和南部山高坡陡，其东部和北部为平缓丘陵。村庄坐落在3～5m后的第四系沉积、残积层上。寒武系府君山组灰岩分布在该村东侧及西部的低山丘陵区，厚度约80m，地层走向近南北，倾角16°，其南部307高地一带，分布的是寒武系馒头组、毛庄组、徐庄组、张夏组地层，南部317高地一带分布着大面积的中生界次火山岩，主要岩性为闪长玢岩。

府君山组地层主要岩性为暗灰色中厚层豹斑状细晶灰岩、白云质灰岩，节理裂隙较发育，岩溶较发育，地表可见各类溶蚀现象，如溶沟、溶槽、溶洞。在村南的山脚下发育一较大溶洞，洞口略近圆形，直径约3m，但深度较大，无法探测到，洞中有水出露。

在村庄中有4个主要泉水出露点，丰水季节总流量大于10000m^3/d，均为上升泉，泉水温度约12℃。

5.2.3　教学内容

（1）观察、描述东部落村及其周围泉水出露的地形、地质部位，测量泉的流量、水温，并访问泉水动态。

（2）观察、描述东部落村南溶洞发育状况及南侧次火山岩的岩性、产状、与围岩的接触关系及分布状况。

（3）从村东的193.7高地向西沿途观察府君山组灰岩的岩性、裂隙及岩溶发育状况。

（4）绘制东部落泉群出露的水文地质平面图及剖面图。

5.2.4　问题讨论

（1）试分析府君山组灰岩的岩溶发育规律。

（2）试分析府君山组岩溶水系统的边界及水循环条件。

（3）试述该地岩溶地下水的富集条件。

5.2.5　编写报告

《寒武系府君山组岩溶裂隙地下水形成条件与富集规律分析报告》

5.3　亮甲山奥陶系下统灰岩岩溶裂隙水形成条件与富集规律

5.3.1　教学目的

（1）认识奥陶系下统灰岩岩溶发育条件及发育规律。

（2）了解奥灰岩溶裂隙水储存、运动和富集的特点及形成较大供水水源地的条件。

5.3.2　背景条件

亮甲山为奥陶系亮甲山组地层标准剖面所在地，山下为较宽大的大石河河谷，山的西侧分布着石炭二叠系碎屑灰岩地层。亮甲山组地层主要岩性为中厚层的豹皮状灰岩，下部夹少量砾屑灰岩和薄层钙质页岩，其下伏冶里组地层主要岩性为微晶质纯灰岩夹少量砾屑及虫孔状灰岩、砾屑灰岩夹黄绿色页岩。该组地层节理裂隙发育，在亮甲山东边采石场可见到该组地层发育有3组节理裂隙，延伸较远，切割深度较大，裂隙张开性好。

在亮甲山下发育一较大溶洞，洞高约2.5m，宽3m，可见深度20m，洞中蓄积着地下水，在枯水季节当地居民抽水浇地，抽水泵管为12寸（30.48cm），可见水量之大。在亮甲山下采石场有3条辉绿岩脉，岩脉宽度1～2m，走向34°。在岩脉两侧有水井分布，岩脉西侧井出水量较小一些，单井出水量为1200m^3/d，而岩脉东侧单井出水量可达5000m^3/d以上。

在亮甲山东侧山脚下共分布有6口开采井，其中有秦皇岛市自来水公司供水井2口，北山电厂供水井2口，赵庄化工厂供水井1口，北河村供水井1口。

5.3.3　教学内容

（1）在石门寨北沿亮甲山东坡坡脚观察灰岩节理、裂隙发育状况，溶蚀程度及充填程度。

（2）观察亮甲山下溶洞发育情况并分析其发育的条件。

（3）观察辉绿岩床及岩脉的岩性、产状及其岩溶发育及岩溶发育及岩溶水富集的关系。

（4）调查亮甲山下6口机井的分布位置，所处的地形地貌及地质部位，并分析其地下水的富集条件。

（5）调查机井的井深，地层剖面，水质、水量及开采动态。

（6）绘制亮甲山附近的水文地质平面图（1∶2000）及剖面图。

5.3.4　问题讨论

（1）奥陶系下统灰岩岩溶裂隙水的形成与富集的条件与规律是什么？富水带如何圈定？

（2）试分析本区的岩溶发育条件及规律。

（3）试分析形成大中型供水水源地应具备的条件。

（4）亮甲山下供水井的布置是否合理，为什么？

（5）根据该处供水井的开采动态资料能说明哪些水文地质问题？

5.3.5　编写报告

《亮甲山水源地灰岩岩溶裂隙水形成条件与富集规律分析报告》

5.4　黑山嘴断裂构造低温热水泉的成因分析

5.4.1　教学目的

（1）认识黑山嘴断裂构造裂隙水的形成和出露条件。

（2）认识断裂含水系统的基本特征。

5.4.2 背景条件

黑山嘴低温热水泉（又称408医院温泉）位于柳江向斜西翼的东南角，黑嘴子村附近。该区山势陡峻、风景秀丽。泉位于汤河一东西向支流的北岸，高出河床2～3m，泉水流量较大，约为8000～10000m³/d，温度为25～30℃。

泉水的东侧出露的是晚元古界青白口群下马岭组的灰黑色页岩、粉砂岩及中粗粒石英净砂岩。泉水的西侧为寒武系府君山组灰岩，由于断层作用，该组灰岩仅出露很少一部分，从泉往西走约110m见一断层，该断层是柳观峪—秋子峪断裂的一支，连绵延续十几千米。该断层产状为120°∠72°，上盘为府君山组灰岩，下盘为燕山期（γ_5）花岗岩。断层的西盘大面积出露的是γ_5的花岗岩。

5.4.3 教学内容

（1）观察温泉出露的地形地貌及地质构造条件。

（2）测量泉水流量、温度，调查访问泉水水温及水质变化特点。

（3）顺河方向观测河床及左岸的地层、岩石及地质构造。

（4）垂直河流方向观测两岸山坡的地层、岩石及地质构造。

（5）调查附近是否还有其他温泉及水温变化特点。

5.4.4 问题讨论

（1）黑山嘴低温热水泉形成机制。

（2）泉水温度变化的特点及其影响因素。

5.4.5 编写报告

《黑山嘴断裂构造低温热水泉成因分析报告》

5.5 石河河谷地表水、地下水形成与分布的调查分析

5.5.1 教学目的

（1）掌握丘陵山区河谷中河水测流的基本方法和径流特征。

（2）掌握河谷孔隙潜水的形成特点和分布规律。

（3）了解河谷地貌、地质结构及其与地表水、地下水的关系。

5.5.2 背景条件

石河河谷地貌类型有河床浅滩、河漫滩及各类阶地。漫滩高出河床1～2m；一级阶地为冲积阶地，高出漫滩2～3m；二级阶地陡坎高5～10m，为基座阶地；三级阶地为侵蚀阶地。孔隙潜水主要赋存于一级阶地的砂砾石层中，层厚8～10m，富水性较好，单井涌水量500m³/d，水位浅埋，水质较好，有较大的开发利用价值。

5.5.3 教学内容

（1）观察石河河谷地貌特征、地层岩性，绘制河谷地貌剖面图。

（2）选取断面实测河水流速、横断面、水深、河床岩性。

（3）调查访问民井、泉、坑，了解地层结构、水位、井泉流量。

（4）测量河水位、潜水位，确定地表水、地下水转化关系。

（5）选择典型地段绘制河谷平原横向地质剖面图。

5.5.4　问题讨论

（1）河谷孔隙潜水的埋藏、分布及其形成有何特点？

（2）石河河谷孔隙潜水的分布规律及富集条件。

（3）试分析河水、潜水变化特点及补排关系。

（4）分析河水径流变化的影响因素。

5.5.5　编写报告

《石河河谷孔隙潜水分布规律及形成特征分析报告》

5.6　兴城河河谷地表水、地下水形成与分布的调查分析

5.6.1　教学目的

（1）掌握河水测流的基本方法与径流特征。

（2）掌握河谷孔隙潜水的形成特点和分布规律。

（3）了解河谷地貌、地质结构及其与地表水、地下水的关系。

5.6.2　背景条件

兴城河河谷地貌类型有河床浅滩、河漫滩和一级阶地。漫滩高出河床1m；一级阶地为冲积阶地，高出漫滩2m，未见二级、三级阶地。

孔隙潜水主要赋存于一级阶地的砂砾石层中，富水性较好，水位埋深较小。

5.6.3　教学内容

（1）观察兴城河河谷地貌特征、地层岩性，绘制河谷地貌剖面图。

（2）选取断面实测河水流速、横断面、水深、河床岩性。

（3）调查访问民井、泉、坑，了解地层结构、水位、井泉流量。

（4）测量河水位、潜水位，确定地表水、地下水转化关系。

（5）选择典型地段绘制河谷平原地质剖面图。

5.6.4　问题讨论

（1）河谷孔隙潜水的埋藏、分布及其形成有何特点？

（2）兴城河河谷孔隙潜水的分布规律及富集条件。

（3）分析河水、潜水变化特点及补排关系。

（4）分析河水径流变化的影响因素。

5.6.5　编写报告

《兴城河河谷孔隙潜水分布规律与形成特征报告》

5.7　老爷庙基岩风化裂隙水成因分析

5.7.1　教学目的

（1）认识老爷庙泉（井）基岩裂隙水出露和形成条件。

（2）认识老爷庙南风化裂隙水出露和形成条件。

（3）了解裂隙水富集的一般规律。

5.7.2　背景条件

老爷庙泉（井）位于元台子乡苑家屯至季家沟土路的山脊鞍部偏北处，山脊北为葫芦岛市，南为兴城市辖区，该点与兴城基地行车距离约 23km。泉旁边建有老爷庙，供附近村民进拜。该泉（井）初为泉水，四季不干，冬季泉口水不结冰，自流出一段距离后才结冰。后期扩泉成井。泉东西侧山坡为石英砂岩，南侧为花岗岩体。泉水出自石英砂岩与花岗岩接触带附近石英砂岩地层中。

龙王庙泉南侧路西花岗岩地层中，依次线状排列 4 口浅井，井水来自花岗岩风化裂隙水，推测可能同时受构造影响。

5.7.3　教学内容

（1）观察老爷庙泉（井）所在位置的地形地貌特征、大红峪组石英砂岩、花岗岩的岩性特征及分界线。

（2）测量泉的流量、水温，访问泉的动态、井结构。

（3）对井（泉）点进行定位，绘制井位置平面图。

（4）观察井点所处位置的地形地貌特征，分析地下水的成因。

5.7.4　问题讨论

（1）老爷庙泉（井）与周边民井的成因类型是否相同？

（2）基岩裂隙水有哪些类型？富集规律是什么？

5.7.5　编写报告

《老爷庙泉（井）成因分析报告》

5.8　水东沟寒武系昌平组灰岩岩溶水赋存条件分析

5.8.1　教学目的

（1）了解水东沟寒武系昌平组灰岩的岩溶发育状况。

（2）分析水东沟自流井的形成条件，讨论断裂构造的水文地质意义。

5.8.2　背景条件

水东沟位于杨家杖子东北方向，与兴城基地行车距离约 35km。该村西北角有一口自流井，属于葫芦岛市地震局管理的地震监测井，该井形成于 1979 年，当前已被水东沟的村民开发利用，用于水东沟村民的日常生活用水。由于自流井周边第四系较为发育，井揭露的目的含水层较深，地质构造较发育，井周边分布有较大范围的寒武系馒头组紫色页岩，该井流量季节变化不大。因此该自流井的形成条件相对较为复杂，需要对自流井周边地形地貌、地质构造和水文地质条件进行综合对比分析。

5.8.3　教学内容

（1）井点定位，测量自流井出水的流量、水温、电导率，采取简分析水质样品 1 个。

（2）观察井周边的地形、地貌，对比区域地形图、地质图，分析推测该自流井的自流原因。

（3）观察、描述昌平组灰岩出露、岩性和产状，分析判断断裂存在的证据，判断自流井与该断裂的空间关系；理解岩溶现象的发育及其水文地质意义。

（4）结合地形图和地质图，绘制水东沟自流井的水文地质平面图，综合对比景儿峪组、昌平组和馒头组的岩性特征，综合地形图和地质图，绘制水文地质剖面图。

5.8.4 问题讨论

（1）分析昌平组灰岩的岩溶发育规律。

（2）分析自流井的成因，分析断裂构造的水文地质意义。

5.8.5 编写报告

《水东沟寒武系昌平组灰岩岩溶水赋存条件分析报告》

5.9 地热温泉成因调查分析

5.9.1 教学目的

（1）认识兴城地区地热温泉的形成和出露基本条件。

（2）认识断裂含水系统的基本特征。

5.9.2 背景条件

兴城地热资源较为丰富，温泉水被广为利用。20世纪80年代以来，地热资源的开发得到进一步的拓展，开发利用方式由原来单一的洗浴扩展为医疗保健、休闲娱乐、旅游度假、工业加工、养殖、花卉种植等多种途径。

兴城温泉出露于西河冲洪积扇地北缘地段。扇地东临辽东湾，其北、西、南三面为丘陵。洪积扇第四系厚5～23m，温泉区第四系厚7～14m。第四系岩性上部为亚黏土，中部为砂砾石，下部为含砾淤泥质亚黏土。下伏地层为太古界混合花岗岩。热矿水由混合花岗岩断裂中涌出，进入第四系。

温泉区地层除第四系、太古界外，尚有长城系石英砂岩和义县组火山碎屑岩。构造位置为新华夏系第三隆起带东缘，温泉区位于东西向断裂带与北北东向断裂带的交汇部位。共确定3条富水断裂，这些断裂由北东向转向为北北东向断裂，且具向南西端撒开，向北东端收敛的特点。并在基岩中相应的位置均见到张性断裂破碎带。据航磁、重力资料推断，其北北东向、东西向断裂为深大断裂。倾向北西，倾角75°左右。破碎带宽20～30m，由碎裂混合花岗岩、断层角砾岩、糜棱岩组成，见有辉绿岩脉。张性裂隙及热溶蚀洞隙充水，富水性较强。天然条件下，断裂中的热水上涌进入第四系孔隙水与之混合，形成第四系热水，其含水层厚3～4m，分布面积约0.2km^2。

5.9.3 教学内容

（1）兴城温泉地热资源评价调查方法，包括资料收集、地温测量、水样采集分析等。

（2）温泉成因模式分析，包括储盖组合分析，通道、水源和热源分析等。

（3）观察温泉出露的地形地貌及地质构造条件。

（4）测量地热温泉水流量、温度，调查访问泉水水温及水质变化特点。

（5）调查附近是否还有其他温泉及水温变化特点。

5.9.4 问题讨论

（1）地热温泉形成的基本条件。

（2）兴城地热温泉的分布规律及其基本特征。

5.9.5　编写报告

《兴城地热温泉水基本特征及其成因分析报告》

5.10　曹庄地区海水入侵成因及分布规律调查分析

5.10.1　教学目的

（1）了解海水入侵的概念、现象、机理、等级、类型以及对经济建设和社会发展造成的危害。

（2）掌握海水入侵调查的基本方法。

（3）掌握海水入侵的成因及规律。

5.10.2　背景条件

曹庄灌区位于兴城市以南 5km 处，南临渤海。曹庄沿海地区海水入侵，主要是人为超量开采地下水形成的。超量开采地下水，导致出现大面积区域地下水降落漏斗，区域水量失去平衡，海水将渗入多孔岩的蓄水层污染周边人们赖以生存的饮用水。

灌区建于 1964 年，有 10 个受益村。区内有机电井 136 眼，提水站 2 座，方塘 1 个，总装机为 146kW，是以井灌为主的万亩灌区。多年来，由于年久失修和水量超采，造成海水入侵，每年灌区都要报废 10 多眼水井。该区多年平均降水量为 595mm，降水量集中在 7、8 月份，约占全年降水量的 59%，多年平均蒸发量 1 685mm，干旱系数 30。由于 1980～1984 年连续 5 年干旱，造成该地区补给来源减少，自然水位下降。1985 年，由于有暴风雨和海潮袭击，冲掉了长 4 000m、高 1m 的海堤近一半左右，加剧了海水向曹庄内陆逼近。该区平均海拔 1.9m，地形较平坦。境内河流为兴城西河，也是该地区地下水主要补给来源。地下水类型为氯化物重碳酸钙，矿化度 177.6mg/L。1985 年以前，氯离子含量小于 100mg/L，未出现咸化问题。据最新检测数据，大卜道东井：1 372mg/L，东盐滩井 410mg/L（注：氯离子符合饮用的标准是小于 250mg/L；符合灌溉标准一类：200mg/L；二类：小于 200～300mg/L）。灌溉用水明显有咸味，并且有盐渍出现，侵入范围约 7 400 亩。

除了灌区本身集中开采外，1993 年兴城市自来水公司为解决市民用水问题，在曹庄乡距海边 2.7km 处打了 7 眼井，布置在灌区地下径流补给上游。其中 5 眼大深井，采用深井泵取水，常年昼夜开采。2008 年该水源地实际取地下水 750 万 m^3，大量取水截取了灌区地下水的补给，使其入不敷出，破坏了采补平衡。根据对曹庄灌区部分井位调查，该地区水位以 84cm/年的速度下降；从内陆到沿海的方向，水位线呈下斜趋势。由此可知，由于该地区地形、水文地质、气候及海潮等自然因素的影响，造成地下水补给来源减少；另外，中上游地区开发了新的工业用水和市政用水大户，使得难以用上地表水的下游灌溉地区的地下水资源短缺，超量开采，造成降落漏斗扩大，中心水位逐年降低，加之海潮动力的乘虚而入，不可避免地形成了海水入侵。

另外，通过现场调查，在兴城海滨近年来海水养殖项目发展迅速，这也加剧了海水入侵对地下水的影响。

5.10.3　教学内容

（1）地质及水文地质条件调查：区域地质水文地质条件及地貌为海水入侵提供了地质

环境背景条件，影响着海水入侵。观察曹庄地区地貌特征，地层岩性，通过访问绘制由曹庄至海滨的地质剖面图。

（2）人类活动：沿海地区的经济发展使得地区水资源供需矛盾日益加剧。曹庄灌区、兴城自来水公司水源地以及沿海地区盲目发展海水养殖项目，扩建盐田，使大量的海水引入内陆，都是加重海水入侵的人为因素，对兴城曹庄地区的海水养殖项目进行现场调查访问，确定其规模和范围，分析其对海水入侵的影响。

（3）地下水现场分析及取样：从曹庄向海岸线推移，在沿线采样，建立3条剖面线，对水样进行现场测试（可按照每个班一条路线来设计），主要测试（TDS，pH值，电导率，Eh及特定离子含量），并进一步带回基地测试（常规实验方法进行水样简分析），确定各水样的海水入侵程度和等级，绘制盐度剖面线，并在平面上勾画海水入侵的范围，绘制海水入侵分布图。

（4）室内分析：将野外调查所取水样带回实习基地进行室内测试分析，主要测试项目为常规实验方法进行水样简分析，包括 $K^{+}+Na^{+}$，硬度（Th），Ca^{2+}，Mg^{2+}，Cl^{-}，SO_4^{2-}，CO_3^{2-}，HCO_3^{-} 等组分，在平面图上确定曹庄地区海水入侵的范围及等级。

5.10.4 讨论

（1）兴城曹庄地区海水入侵灾害产生的主要原因是什么？

（2）兴城海水入侵的类型是什么？讨论海水入侵的等级及分布范围。

5.10.5 编写报告

《曹庄地区海水入侵分布规律及形成特征报告》

5.11 兴城河河谷孔隙潜水分布规律与形成特征分析

5.11.1 教学目的

（1）掌握河水测流的基本方法与径流特征。

（2）掌握河谷孔隙潜水的形成特点和分布规律。

（3）了解河谷地貌、地质结构及其与地表水、地下水的关系。

5.11.2 背景条件介绍

兴城河河谷地貌类型有河床浅滩、河漫滩和一级阶地。漫滩高出河床1m；一级阶地为冲积阶地，高出漫滩2m，未见二、三级阶地。

孔隙潜水主要赋存于一级阶地的砂砾石层中，富水性较好，水位埋深较小。

5.11.3 教学内容

（1）观察兴城河河谷地貌特征、地层岩性，绘制河谷地貌剖面图。

（2）选取断面实测河水流速、横断面、水深、河床岩性。

（3）调查访问民井、泉、坑，了解地层结构、水位、井泉流量。

（4）测量河水位、潜水位，确定地表水、地下水转化关系。

（5）选择典型地段绘制河谷平原地质剖面图。

5.11.4 讨论

（1）河谷孔隙潜水的埋藏、分布及其形成有何特点？

（2）兴城河河谷孔隙潜水的分布规律及富集条件。

（3）分析河水、潜水变化特点及补排关系。

（4）分析河水径流变化的影响因素。

5.11.5　编写报告

《兴城河河谷孔隙潜水分布规律与形成特征报告》

5.12　兴城河流量测验

5.12.1　教学目的

（1）了解河道水流特征及其影响因素。

（2）掌握河道测流的原理和方法。

5.12.2　背景条件介绍

流量是单位时间内流过江河某一横断面的水量，单位 m^3/s。流量是反映水资源和江河、湖泊、水库等水量变化的基本资料，也是河流最重要的水文要素之一。流量测验的目的是取得天然河流以及水利工程调节控制后的各种径流资料。

天然河流的流量大小悬殊，如我国北方河流旱季常有断流现象，受自然条件和其他因素的影响，使得江河的流量变化错综复杂。实际工作中应根据河流水情变化的特点，采用适当的测流方法进行流量测验。

实际测流时，在保证资料精度和测验安全的前提下，根据具体情况，因时因地选用不同的测流方法。

在河道流量测验中，除了解河道水流的流速分布特征外，还要了解断面测量的一般要求和原则。

断面流量要通过对过水断面面积及流速的测定来间接加以计算，因此，断面测量的精度直接关系到流量成果精度；同时断面资料又为研究部署测流方案，选择资料整编方法提供依据。

河道断面测量内容包括断面测量的内容和基本要求、水深测量、起点距测定、断面资料的整理与计算等。

由于兴城河流域内无较大河流，河道杂草丛生，水流流态复杂，野外实习要求学生结合河道测验基本原理和方法，根据河段具体情况，制定测量方案。

5.12.3　教学内容

（1）了解河道水流的流速分布特征，了解断面测量的一般要求和原则。

（2）大断面和水道断面的测量。

（3）测量不同断面河流的流速、流量、水位。

5.12.4　讨论

（1）河道水流流速分布有哪些特征？

（2）根据流速分布特征，在流速测量中应注意哪些事项？

5.12.5　编写报告

《兴城河流量测验报告》

5.13　老边村与长茂村洪水调查

5.13.1　教学目的

（1）掌握洪水调查原理、方法和要求，主要包括洪水痕迹和洪水情况调查方法、河道测量技术方法、河段洪峰流量推求方法。

（2）掌握交通桥和堤坝规划设计中所涉及的水文和水力学计算内容。

5.13.2　背景条件介绍

交通桥和堤坝作为常见民用工程和水利工程，其规划设计涉及洪峰流量计算和洪峰水位推求，这部分知识是水文与水资源专业学生必须掌握的水文和水力学计算内容。洪水调查是对历史或近期发生的大洪水进行调查和估算，弥补实测水文资料的不足，以便合理可靠地为水利水电工程设计提供洪水资料。

老边村和长茂村地处兴城市区北部，属于半山区，位于兴城河最大支流上游。老边村隶属白塔满族乡，由南老边、北老边、花园和张家沟等4个自然屯组成，历史上曾在1969年和1997年发生两次较大洪水。洪水调查中，1969年洪水，经当地村民指认，在已建成90多年的老建筑影子墙上确定洪痕位置；1997年洪水，在村西魏塔线铁路桥桥墩上刻有明确的洪峰水位和洪水日期（1997年7月15日）。

长茂村隶属华山街道，由上长茂和下长茂组成。在洪水调查中，由于村中没有老建筑，1969年洪水未找到确切洪痕，最可靠的描述为“河中央水深约2.5m”；1997年洪水经当地居民指认，找到多处洪痕标记。

根据暴雨洪水的区域相似性，认为老边村和长茂村洪水发生时间和量级具有一致性。野外教学以老边村洪水痕迹和洪水情况调查作为启发教学内容，以长茂村洪水调查作为自主实践教学内容。

老边桥位于南老边屯中，兴城-钢屯公交线由此经过。1969年大洪水过后，当地政府组织村民修建西河坝，自此村子没再被淹过。结合老边桥和西河坝讲解交通桥和堤坝规划设计中所涉及的水文和水力学计算内容。

5.13.3　教学内容

（1）结合老边桥布设，了解交通桥布置原则以及规划设计中所涉及的水文和水力学计算内容。

（2）对历史洪水进行调查，填写《河段洪水痕迹及洪水情况调查表》。

（3）考察南老边村西河坝，介绍堤坝布置原则以及规划设计中所涉及的水文和水力学计算内容。

（4）对历史洪水进行调查，掌握如何通过重要公用建筑物获得历史洪痕的经验。

（5）通过河道大断面测量和纵断面测量，利用水力学曼宁公式，推求洪峰流量。

5.13.4　讨论

（1）洪水调查的目的、方法、步骤和要求是什么？

（2）什么是防洪标准？如何确定某水利工程的防洪标准？防洪保护对象分几类？

（3）交通桥和堤坝在规划设计中所涉及的水文和水力学计算都有哪些内容？

5.13.5　编写报告

（1）《南老边村交通桥和堤坝规划设计中所涉及的水文与水力计算》小作业。

（2）提交《老边村与长茂村洪水调查报告》。

5.14　三合水库水源地地表水污染源调查

5.14.1　教学目的

（1）了解水库主要水工建筑物的组成及其作用。

（2）掌握水工建筑物规划设计所涉及的水文、水利计算。

（3）掌握基于 DEM 采用 ArcGIS 绘制汇水区的方法。

（4）掌握区域地表水污染源调查的一般方法。

5.14.2　背景条件介绍

水库汇水区地表水污染源调查是水源地保护的基础性工作，通过该调查可以查清水源地污染源状况、探明水源地潜在的污染因子，并提出水源地合理的污染保护与治理措施。水库作为代表性水利工程，其规划设计涉及水文、水利和水力计算等水文与水资源工程专业的核心知识，水库枢纽考察可以使学生深刻理解专业知识如何为水利工程规划设计提供水文信息。

三合水库位于辽宁省葫芦岛市西北圆台子乡，是辽宁省供水局平山供水有限责任公司的供水水源地之一，每年向葫芦岛市提供居民生活用水和工业用水 150 万 t，同时兼有区域防洪及水产养殖等综合效益，保护下游 15 万人口、5 万亩耕地以及京沈铁路、秦沈高速铁路、沈山高速公路等交通干线的防洪安全。

三合水库是一座以城市供水、防汛为主的小（1）型水库，水库总库容 808 万 m^3，控制流域面积 21km^2，三合水库建于 1972 年，2010 年进行了水库除险加固。水库计划设计标准为 50 年一遇，校核标准为 200 年一遇。水库枢纽工程由拦河坝、输水洞和溢洪道组成。

5.14.3　教学内容

（1）水利工程及水工建筑物防洪标准的确定；水工建筑物设计（大坝、溢洪道）中所涉及的水文、水利和水力计算。

（2）调查区内农村生活污染物及其处置情况、农田种植情况和禽畜养殖情况及其对水源的影响。

（3）结合区域 DEM 采用 ArcGIS 绘制三合水库水源地汇水范围。

5.14.4　讨论

（1）水库的主要水工建筑物及其功能是什么？

（2）大坝和溢洪道规划设计中所涉及的水文、水利和水力计算内容有哪些？

（3）小流域地表水污染源调查项目有哪些，相应的污染物贡献量计算方法是什么？

（4）针对三合水库污染物调查情况，评价三合水库水资源状况并提出一般性保护策略。

5.14.5　编写报告

（1）《三合水库坝规划设计中所涉及的水文、水利和水力计算》小作业。

（2）编写《三合水库水源地地表水污染源调查报告》。

第 6 章　独立性教学阶段的基本技能训练

6.1　孔隙水区的水文地质测绘

孔隙水主要赋存于第四系松散堆积物中。其形成条件和分布规律严格受第四纪地层的成因类型、岩性、岩相变化规律所控制。而第四纪地层的时代、成因类型、岩性和岩相的分布，又往往与地貌的时代、成因类型和形态类型的分布相对应；并受新构造运动所制约，而且地貌还影响地下水的补给、径流和排泄条件。因此在孔隙水分布区进行水文地质测绘，要特别注意对第四纪地质、地貌和新构造运动的调查。此外，平原地区和河谷地区地下水与地表水之间，常常有密切的水力联系，因此还要注意对地下水与地表水之间相互转化补排关系的调查。

6.1.1　孔隙水区一般性测绘内容

在孔隙水分布区进行水文地质测绘，一般测绘内容包括：

（1）研究松散沉积物的分布、岩性、矿物成分与颗粒成分、结构、厚度、成因类型、物质来源及其地质时代等内容，掌握它们在纵横方向上的变化规律。

（2）调查各种地下水露头，确定松散层中的含水层位及含水层的厚度、地下水类型、埋藏特征，收集其水质、水量资料，并研究其变化规律。

（3）分析各类地表水体的分布、水位、流量特征及其动态变化规律，研究其与地下水间的转化关系。

（4）研究地貌及新构造运动的性质与幅度等特点，以及对该区松散层形成与分布的影响。

（5）探讨周围山地和下部基岩的埋深、岩性及地质构造条件，判断基岩含水层的含水特征及与松散含水层间的补排关系。

（6）收集钻孔、水井资料，探讨深部的水文地质条件。

（7）收集现有的供水与排水设施的水文地质资料，研究供、排地下水中出现的水文地质问题及其发展趋势。

（8）调查区内地下水及地表水的污染情况。

6.1.2　山前平原地区

第四纪地质、地貌与地下水之间的成因联系，主要反映在由山区向平原区的水平分布规律上。因此，对山前平原重点要抓住两点，一点是着重调查山区与冲洪积扇（或冰水扇）的接触性质，以判断沉积物的厚度和山区地下径流对平原地下水的补给特征，以及注意调查山区河流流经扇顶补给带的渗失量。另一点是扇前溢出带地下水溢出状态和溢出量的调查，并圈定扇形地的分布范围。此外，山前地区往往新构造活动比较强烈，要注意调查由于隐伏的阶梯状断裂而形成的地下跌水，或由于基底起伏而引起地下水与地表水相互转化等异常现象。查明构造作用与第四系堆积物的岩性、厚度之间的内在联系及其与地下水特征之间的关系。

6.1.3　河谷平原地区

第四纪地质、地貌和水文地质规律，主要表现在河流的横向分带上。因此，河谷平原地区水文地质测绘的中心内容是着重调查河流阶地的时代、阶地沉积物的特征、阶地结构和类型、各阶地分布高度和范围，以及它们与地下水埋藏、分布和形成之间的成因联系及其变化规律。此外潜水水质、水量的变化与河水之间的关系十分密切，故还要注意查明潜水与河水之间的补给、排泄关系；补给、排泄性质、地貌条件及其补排量；河水污染情况及其对潜水水质的影响。对中、下游河谷地下水还应注意地下水中局部铁离子增高的原因和分布范围的研究。

6.1.4　滨海地区

侧重研究海陆来源沉积物的分布规律及其中咸淡水的赋存特征，着重了解其中具开发意义的淡水层的水质和水量，掌握大河三角洲地带的沉积物变迁规律和含水层位；研究海岸的地貌特征、海岸升降性质和幅度；了解某些滨海的潮上、潮间和潮下带中现代松散沉积物及其中地下水埋藏情况；调查滨海地区地下水与河水、海水间的水力联系；调查某些近岸海底分布的淡水泉的形成条件、水质、水量，研究开采利用的可能性；调查由于过量开采地下淡水引起的区域地下水位大幅度下降、海水入侵、水质恶化、地面沉降及塌陷等环境地质问题，并提出防治措施；了解沼泽湿地的形成及其与地下水的关系。在沿海城镇、港口和井灌区，要注意调查由于大量开采地下水而引起的海水倒灌及水质恶化的状况。

6.1.5　黄土地区

主要任务是研究黄土地貌形态的变化，特别是切割密度和切割深度对地下水补给、排泄的控制和黄土地区的岩性结构对潜水贮存条件的影响。同时尚须注意调查黄土下伏各不同时代地层的富水条件及其与地貌类型之间的关系。对黄土塬区，要着重调查塬面大小及其形态变化与含水层的厚度、潜水埋深、水量、水质变化之间的关系。同时注意调查黄土下伏含水层的分布与塬区地貌形态变化之间的关系，以及含水层的富水条件及其变化特征。在黄土丘陵地区（梁峁地），要着重调查浅层地下水局部相对富集与微地貌（如掌心地、丘间洼地等形态大小）和黄土地层岩性之间的关系。对咸水、苦水及地方病地区，要注意调查咸、苦水的分布范围、形成条件以及区内淡水透镜体的分布规律；地方病与水土之间的关系，为解决严重缺水状况提供水文地质资料。

6.1.6　沙漠地区

要对全部的泉、湿地、浅井和钻孔等地下水露头进行观测。首先，在查清从边缘山地到沙漠内部松散沉积物形成特征的基础上，注意调查风沙区可能集水的溺谷、风蚀洼地、龟裂地、上升泉等地段的地貌特征及其中地下水的存在状态，查明砂丘内淡水体的埋藏及分布规律，注意可能汇水的冲洪积扇、冲湖积层的分布特征，注意研究被掩埋的冲洪积扇、古河道带和冰水堆积物；其次，要查明沙漠地区地下水的补给来源、运动规律和排泄特点，调查山地与戈壁带的接触条件和地下水溢出带，调查研究某些地段上地下水凝结补给量，还要注意了解盐沼、盐漠地段地下水的化学成分，研究植物生长与地下水化学成分以及埋深间的关系，研究山前到腹地的地下水化学成分的变化规律。

6.2 岩溶区的水文地质测绘

6.2.1 基本研究内容

在岩溶水分布地区进行水文地质测绘的基本研究内容如下：

（1）查清区内岩石化学成分、矿物成分、岩性结构和分布特征，以及可溶岩层与非可溶岩层的组合关系。

（2）研究区内地质构造条件及其水文地质特征。

（3）观察可溶岩中原生和后生的孔隙和裂隙的形成规律、发育程度及其含水性。

（4）观察可溶岩中岩溶的形态、规模、岩溶发育规律及其水文地质特征。对一些大型溶洞要依据洞穴学的要求，进行调查工作。研究洞内出水现象，绘制洞穴水文地质图，注意收集井、孔的水文地质资料，以掌握深部岩溶的发育规律，并查明岩溶发育底界。

（5）划分区内的含水层和隔水层，确定区内岩溶水构造类型及其中的富水地段。

（6）观察区内地表水系的分布，测量水位和流量，了解河水动态，观测地表水与地下水之间的补排关系；对落水洞与地下河出口要进行同样的研究。

（7）从地层、构造、地貌、水文及岩溶发育规律分析主要岩溶含水层的补、径、排特征，进行各种地下水露头的调查，测量其水量，必要时观测其动态。

（8）取水样分析研究主要岩溶含水层的水质特征，寻找水质变化规律，注意地下水污染来源。

（9）对现有岩溶水供水与排水工程进行现场调查，搜集与地下水有关的全部资料，还需要研究合理利用或有效排除岩溶水的问题。对排水引起的地表塌陷，亦应加以研究。

6.2.2 专门研究内容

在岩溶区测绘，除完成上述基本内容的研究外，尚须有针对性地作好以下专门研究内容：

（1）进行岩溶地貌的观察，探讨它们的发育因素，分析它对岩溶水补径排控制作用。

（2）在查清岩溶发育规律的基础上，加强研究泉的出露条件，圈定泉域范围，确定补排条件，找出强径流带位置，测定流量，分析水质，并进行动态观测。

（3）在地下河系发育地区，要查清地下河的展布规律、形成条件、主支流域界线、观测流量、水位及其动态；必要时绘制地下河系分布图和进行连通试验。

（4）对可溶岩和非可溶岩的接触带，如与煤系地层或与侵入体或与矿体的接触带等要仔细研究，该处岩溶强烈发育、富水，或成为大泉排泄区。

（5）从当前地下水运动状态、沉积矿物、岩溶形态与分布位置，结合地质历史等多方面资料，划分岩溶期，注意区分古岩溶与现代岩溶。

（6）对岩溶区分布的松散堆积物进行观测。要确定其岩性、成因、分布、厚度、含水性，了解孔隙水与岩溶水间的补排关系。

对裸露型岩溶区，应在查明岩溶地貌类型的基础上，着重调查研究暗河水系的特征。为此要特别注意调查地表有规律分布的天窗、平谷、串珠状洼地、塌陷、漏斗、溶井及落水洞等各种岩溶形态。调查地表水与地下水相互转化关系，并结合连通试验和洞穴调查，查明地下河网的分布规律和埋藏条件、暗河流量及动态特征。此外，从找水观点，还须研究地貌条件对岩溶地下水埋藏汇集的作用；并调查岩溶地下水及暗河出口集中排泄的特征及其对形成地下水富集带（区）之间的关系，调查它的地质、地貌条件，分布范围及其富水程度。

对覆盖型岩溶区，应着重研究地层岩性、地质构造和地下水动力条件对岩溶发育规律的控制，查明岩溶发育的主要层位、部位及其发育特征，并从古水文地质条件分析岩溶形成的时代和发育过程，同时对地下水以大泉、泉群等形式集中排泄的地段，要仔细研究它们形成的地质、地貌条件与地下水富集的关系和富集程度。

6.3　基岩裂隙水区的水文地质测绘

在基岩裂隙水区应采用地质、水文地质测绘，这是一项综合性的地质调查研究工作，是基岩山区供水水文地质勘探的重要手段。

裂隙水按分布在裂隙中的成因类型分为风化裂隙水、成岩裂隙水和构造裂隙水三种类型。对其研究可达到寻找评价和开发裂隙水的目的。同时裂隙的密集、开启、连通及充填情况直接影响到裂隙水的分布、运动和富集。由此裂隙水在分布上不均匀，其形式可呈层状或脉状分布；富集程度通常是从微弱到中等。

在裂隙水区，主要调查与地下水有关的岩性和地质构造。

6.3.1　岩性调查

调查基岩层（体）的性质，分析基岩含水介质类型、探讨裂隙的发育规律，找出含水层（体）。

（1）调查研究区内基岩的岩性、原生孔隙、裂隙的形成及分布规律。

（2）了解地形、地貌特征，以及对地下水的控制作用。

（3）调查岩层（体）中应力分布状况及各种裂隙分布与破坏规律。

6.3.2　地质构造

掌握区内地质构造，了解含水层的空间分布和边界特征。

（1）调查基岩褶皱、断裂构造的含水特征，分析裂隙构造类型及其水文地质规律。

（2）调查区内的断层分布状况并对其进行研究。因断层本身可构成一个特殊的水文地质体，调查时应注意分析：

1）断裂形成时的力学性质，断裂带中破坏产物的存在状态，胶结充填情况。

2）断层两盘的岩性、破坏程度、破坏带的宽度及其对富水性的影响。

3）断层的多期活动情况，以及断裂带的规模及其对富水性控制作用。

4）研究断裂地下水和泉水的水位、水量及其动态特征。

5）提出保持、利用、改造断裂带透（隔）水性后的可能性。

（3）分析岩浆岩与围岩接触带的类型、蚀变、破坏及其水文地质特征。

（4）研究喷出岩中成岩裂隙的柱状节理、大孔隙性和熔岩通道的发育规律及其含水性。

（5）了解基岩区风化带的发育状况及其水文地区特征。

（6）进行区内裂隙统计，并做出裂隙走向玫瑰花图。以其指导区域性的水文地质研究。

1）节理的测量。在野外测量时，首先应对节理的力学性质进行观测，定出几个方向节理力学性质，再选择一定的面积进行测量，用钢卷尺和罗盘测定该面积（线段）内每条节理的长度、宽度、产状、充填情况，并进行记录，直至该面积（线段）上裂隙全部测量完毕。

面裂隙率：单位面积岩石上裂隙面所占的比例，即

$$k_{\alpha}=\frac{\sum b_i l_i}{F}\times 100\%$$

式中：k_{α} 为面裂隙率；$b_i l_i$ 为测量面积内每根裂隙宽度和长度乘积的总和；F 为进行裂隙测量的岩石面积。

线裂隙率：与裂隙走向垂直方向上单位长度内裂隙所占的比例，即

$$k_L=\frac{\sum b_j}{L}\times 100\%$$

式中：k_L 为线裂隙率；b_j 为裂隙宽度；L 为测量线段的长度。

2）玫瑰花图的编制。在任意半径的半圆上，标出北、东、西方向和度数，依走向每5°或10°分组，统计每一组内裂隙数和平均走向，自中心沿半径引辐射直线，直线长度（按比例）代表每一组裂隙的数量，即圆的半径长度代表裂隙数，沿半径所辐射直线的方位，代表每组裂隙的平均走向方位角，然后用直线把辐射线的端点连起来，即得节理走向玫瑰花图。

6.4 碎屑岩类孔隙裂隙水区的水文地质测绘

各种坚硬碎屑岩层的颗粒之间，均存在一定的孔隙，与松散岩层中的孔隙相比，仅是在经过一定程度的成岩胶结作用后，孔隙的数量减小，空间变小而已。因此，只是当胶结不好，碎屑颗粒粗大时才具有含水意义，且碎屑岩也有不同程度发育的原生裂隙、风化裂隙和构造裂隙，构成孔隙裂隙含水层。

在碎屑岩地区进行水文地质测绘，首先应了解区域构造特征、地层构造与地层岩性，及其在具体条件下对地下水的不同控制程度，从而确定调查地下水的主要方向。应着重调查下列问题。

6.4.1 地质构造调查

调查褶皱构造形成的含水层较稳定的自流盆地和自流斜地。应注意调查：

（1）在碎屑岩产状平稳时，要重点调查平面上的扭节理，尤其是棋盘格式构造交叉处节理密集带的富水条件。

（2）软硬相间和厚薄相间的地层中硬脆薄层的层间裂隙水和在界面处出露的泉。

（3）塑性地层中相对硬脆岩层和裂隙发育的构造部位局部富水的可能性。

（4）单一硬脆岩层要注意断裂构造裂隙水的调查。

（5）薄层灰岩和泥灰岩岩溶水形成的富集的条件，在调查时要注意其胶结物和碎屑物本身的物质成分是否具有易溶盐或可溶成分及其与地下水形成、分布和富集的关系；地下水的化学成分、矿化度的特征及规律；咸淡水界面的性状及其与地层中膏盐成分的分布规律和地下水循环交替条件之间的关系。

（6）要调查在不整合面和沉积间断面上出露的泉及其构成富水带的可能性。

6.4.2　地形地貌与地层岩性调查

注意研究构造形态与地貌地形之间的关系。地质上表现为低地、谷地和掌心地的向斜和单斜构造的分布范围和地貌汇水条件。调查这些低地及其补给区地层岩性特点，区域构造裂隙的发育程度和可溶性含钙砂岩的分布，注意沟谷部位泉水的调查。

6.4.3　岩石风化程度调查

调查各种岩石风化带、半风化带分布厚度与构造和地貌的关系。了解网状风化裂隙水的富水地段，动态变化及其供水意义。

6.4.4　补给来源与排泄途径调查

可以充分利用现有的水文地质剖面，通过不同深度上岩芯的采取，研究裂隙发育程度、冲洗液消耗情况和抽水、压水、测井及水化学等资料，进行综合分析，确定蓄水构造进而圈定补给区、径流区和排泄区。

在补给区主要进行补给来源和补给途径的调查。

1. 补给来源

（1）以大气降水入渗作为主要补给水源时，则地下水的动态主要受降水的影响，将重点应放在分析调查区历年气象资料和了解大气降水的入渗情况。

（2）以地表水或其他相邻蓄水构造的地下水作为主要补给来源时，则工作重点应放在河流调查和多年水文资料及相邻蓄水构造调查的分析上。

2. 补给途径

补给的途径包括补给区含水层裂隙性质、发育程度及后期张开、闭合、充填、胶结等情况，覆盖层的分布及其透水情况的调查。尤其是要注意构造裂隙密集带、层面构造裂隙、张性、张扭性裂隙和各种构造断裂的发育延伸情况的调查。而在径流区和排泄区，工作重点要放在寻找富水部位上。因此，在寻找富水部位时要从节理裂隙及断裂系统和褶皱的空间形态调查着手，并结合岩性的组合关系、补给条件等，进行综合分析，才能收到较好的效果。

6.5　环境水文地质测绘的任务

调查了解自然因素和人类活动对地下水环境所产生的复合影响，尤其是人类活动对地下水环境产生的负效应，诸如区域地下水位持续下降、地面沉降、海水入侵、水质污染、土壤的次生沼泽化和次生盐渍化等。

环境地质测绘的任务就是要调查了解这些负效应的现状、产生原因、发展趋势，并初步提出调控措施。对脆弱生态环境地区要确定脆弱生态环境的成因指标、脆弱环境的分布范围，提出协调人类与地球之间平衡关系的措施。

6.5.1　地面沉降和海水入侵调查

对于区域地下水位下降及由此而诱导出的地面沉降和海水入侵问题，要通过对地下水位、水质动态长期观测资料的分析及地下水补给与排泄量间平衡关系的研究，探讨其成因。对地面沉降问题要分析地表附近土层成分、结构、力学性质、水位变动、地下水开采方式和强度对地面沉降的影响。

6.5.2 土壤次生沼泽化和次生盐渍化调查

对于土壤次生沼泽化和次生盐渍化问题，要调查了解气候因素、地下水的补排过程、补排量、水质状况对产生土壤次生沼泽化和次生盐渍化的作用。

6.5.3 地下水水质污染调查

对于地下水水质污染问题，着重调查以下内容：

(1) 包气带的岩性、厚度，了解土层的渗透性能和渗流物通过土层的衰减机理。

(2) 含水层的岩性、厚度、埋藏条件与渗透性能，了解地下水流向与污染物扩散方向、迁移方向的关系以及含水层的自净吸附程度。

(3) 地表水与地下水的水力联系，水文网的分布及水文地理特征，编制水文网分布图。

(4) 排污水系网的分布及水文特征，调查排污水系的流经途径、流量及有害成分；污水水系与工厂排污网和天然水文网的关系；污水管线、明渠的分布情况，并编制污染水系网分布图。

(5) 污染区的分布，引污水量及污染面积；农灌区施用农药、化肥情况。

(6) 地面污水渗坑、渗井、固体污染物的分布情况。

(7) 对调查区水源、土壤、岩石本底有害物质的调查，包括土壤残毒分布情况及地表水体（河、湖、水库）污染现状的调查，编制相应的本底分布图。对于重点污染区，要查明：地下水中有关元素的本底值（水文地球化学背景值）及异常值，污染程度和污染范围。在图上用等值线表示：污染物的来源与途径，地下水水化学类型，变化及其发展趋势。

6.5.4 城乡环境水文地质调查

在城市地区需要查明下列内容：

(1) 查明有多少工厂生产什么产品和副产品，各工厂企业事业单位在生产工艺过程中使用什么化学药品及使用量。

(2) 调查工厂在排放工业废水中的主要污染物质是什么，排放水量和排放浓度是多少。

(3) 了解各单位对工业废污水治理措施及其使用情况。

(4) 查清生活污水的总量，污水排出处，是否经过处理，污水的主要成分等。

在农村应调查使用了哪些农药、化肥及用量，灌溉水源的水质，积肥堆的位置。

在矿山应调查矿区范围，矿渣堆放处，矿山开采品种，矿石中其他富集元素，运送矿石的方式途径，冶炼选矿情况；矿区、城市位置，人口，粮食蔬菜供应情况。

6.5.5 地方病区环境水文地质调查

地方病区应查明下列内容：

(1) 调查地方性疾病的类型、发病规律、发病区的地理位置。

(2) 对地方病区的自然地理、植被发育情况、降水强度、水土流失、人们生活风俗习惯。经济地理等进行研究。

(3) 分析饮用水的水质，必要时应采集粮食、蔬菜样品分析。

(4) 分析致病因素，一个因素为主还是几个因素共同作用互相制约。

第7章　协作性教学阶段的基本技能训练

7.1　土样品的预处理

7.1.1　取土器的要求和类型

1. 取土器要求

为分析土层的性质，需采取保持原状结构的土试样，影响取样质量的因素很多，如钻进方法、取样方法、土试样的保管和运输等，但取土器的结构也是主要因素之一。设计取土器应考虑下列要求：

（1）取土器进入土层要顺利，尽量减小摩擦阻力对土试样的扰动。

（2）取土器要有可靠的密封性能，使取样时不掉土。

（3）结构简单。

2. 取土器类型

取土器的类型很多，根据取土器的结构及封闭形式可分为以下类型，如图7.1所示。

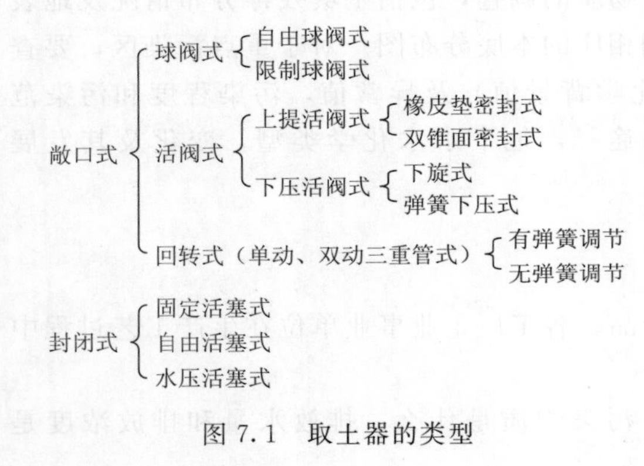

图7.1　取土器的类型

7.1.2　取样方法

钻孔中采取不扰动土试样的方法，主要有以下几种：

（1）击入法。

1）按锤击能量应采用重锤少击法。

2）按锤的位置可分为上击法和下击法。

（2）压入法。

1）慢速压入法：用杠杆、千斤顶、钻机手把等加压，取土器进入土层的过程不是连续的。慢速压入法取样对土试样有一定程度的扰动。

2）快速压入法：是将取土器快速、均匀地压入土中，采用这种方法对土试样的扰动程度最小。目前较普遍使用的方法有两种，一种是活塞油压法，一种是钢绳-滑车组法。

（3）回转法。使用回转式取土器取样。取土时内管压入取样，外管回转削切的废土一般用机械钻机靠冲洗液带出孔口。使用这种方法取样可减少土试样的扰动程度，从而提高取样质量。

7.1.3　样品保存

土试样按照取样方法及试验目的，《岩土工程勘察规范》（GB 50021—2001）对土试样的质量等级根据试验目的按表7.1分为4个等级。

表 7.1 土试样质量等级

级别	扰动程度	试验内容
Ⅰ	不扰动	土类定名、含水量、密度、强度试验、固结试验
Ⅱ	轻微扰动	土类定名、含水量、密度
Ⅲ	显著扰动	土类定名、含水量
Ⅳ	完全扰动	土类定名

注：1. 不扰动是指原位应力状态虽已改变，但土的结构、密度和含水量变化很小，能满足室内事宜按各项要求。
2. 除地基基础设计等级为甲级的工程外，在工程技术要求允许的情况下可用Ⅱ级土试样进行强度和固结试验，但宜先对土试样扰动程度抽样鉴定，判定用于试验的适宜性，并结合地区经验使用试验成果。

Ⅰ级、Ⅱ级、Ⅲ级土试样应妥善密封，防止湿度变化，严防暴晒或冰冻。对于样品土筒上的缝隙必须进行胶带密封、熔蜡填涂的处理。对于泥质岩样品，则可采取纱布包裹再熔蜡浇筑的处理，但对于硅质硬岩样品可不采取处理。所有取样完的样品必须贴上标签，认真填写资料符号说明，第一时间内将样品试件送至试验室。在运输中应避免振动，保存时间不宜超过三周。对易于振动液化和水分离析的土试样宜就近进行试验。

岩石试样可利用钻探岩芯制作或在探井、探槽、竖井或平洞中刻取。采取的毛样尺寸应满足试块加工的要求。在特殊情况下，试样形状、尺寸和方向由岩体力学试验设计确定。

7.2 水样的测试分析

7.2.1 测试指标

（1）常规基础指标：pH 值、电导率、E_h、TDS。

（2）常规离子指标：阳离子 K^+、Na^+、Ca^{2+}、Mg^{2+}，阴离子 CO_3^{2-}、HCO_3^-、Cl^-、SO_4^{2-}。

（3）典型污染特征指示指标：Mo^{6+}、Cl^-、NO_3^-、NO_2^-、NH_4^+。

7.2.2 测试方法

（1）pH 值测试方法：玻璃电极法。

（2）电导率测试方法：电导率仪。

（3）E_h 测试方法：氧化还原电位测定仪。

（4）TDS 测试方法：TDS 测定法、计算法、滤纸法。

（5）K^+、Na^+ 测试方法：原子吸收分光光度法，火焰光度法。

（6）Ca^{2+}、Mg^{2+} 测试方法：EDTA 容量法、原子吸收分光光度法、离子色谱法。

（7）CO_3^{2-}、HCO_3^- 测试方法：酸滴定法。

（8）Cl^- 测试方法：硝酸银滴定法、离子色谱法。

（9）SO_4^{2-} 测试方法：硫酸钡比浊法、离子色谱法。

（10）Mo^{6+} 测试方法：原子吸收分光光度法、三元复合法。

（11）NO_3^- 测试方法：紫外分光光度法、离子色谱法。

（12）NO_2^- 测试方法：α-萘胺比色法、离子色谱法。

（13）NH_4^+ 测试方法：钠氏试剂比色法、离子色谱法。

7.3　土样品的测试分析

根据测试岩土样品的特性、岩土体与工程环境的关联性等，检测岩土工程的质量效果、施工监测及工程事故监测等，确保工程经济合理可靠运行。

7.3.1　测试指标

（1）土的基本物理性质指标。主要包括含水量、相对密度和质量密度、孔隙率、饱和度、可塑性和颗粒组成等。

（2）土的力学性质指标。主要包括压缩性、抗剪强度、侧压力系数和泊松比、孔隙水压力系数。

7.3.2　测试方法

1. 岩土室内试验

土体的室内试验包括土壤物理力学性质指标的测定、土的动力特性试验、黏土矿物分析等。岩石的室内试验包括岩石水理性质试验、岩石强度和变形试验、岩石结构面抗剪强度试验、岩石软弱夹层剪切蠕变试验、岩石点荷载强度试验等。

2. 原位试验

土体原位测试包括土层剖面测试法以及专门测试法。岩石原位测试包括岩体的变形测试、岩体的强度测试、岩体原位应力测试、岩体渗透性测试、洞室岩体变形量测等。

3. 土的基本物理性质指标测试

通过室内试验可直接测得土壤的含水量、相对密度和质量密度，具体方法见表 7.2。

表 7.2　试验直接测定的基本物理性质

指标名称	符号	单位	物理意义	试验项目多方法	取土要求
含水量	w	%	土中水的质量与土粒质量之比 $w\%=\frac{m_w}{m_s}\times 100$	含水量试验 烘干法（温度 100～105℃） 酒精燃烧法 比重瓶法 炒干法	保持天然湿度
相对密度	d_s	—	土粒质量与同体积的 4℃时水的质量之比 $d_s=\frac{m_s}{V_s\rho_w}$ （ρ_w 为水的密度）	比重试验 比重瓶法 浮称法 虹吸筒法	扰动土
质量密度	ρ	g/cm³ （t/m³）	土的总质量与其体积之比即单位体积的质量 $\rho=\frac{m}{V}$	密度试验 环刀法 蜡封法 注砂法	Ⅰ～Ⅱ级土试样

根据直接测得的土壤的含水量、相对密度和质量密度可计算求得土样的重度、干密度、孔隙比、孔隙率和饱和度。具体见表 7.3。

4. 土的力学性质指标测试

（1）压缩性，采用快速压缩试验测定。

（2）抗剪强度，有两种试验方法，具体见表 7.4 和表 7.5。

表 7.3　由含水量、相对密度、密度计算求得的基本物理性质指标

指标名称	符号	单位	物理意义	基本公式
重度	γ	kN/m^3	$\gamma=\frac{土所受的重力}{土的总体积}$	$\gamma=g\times\rho=10\rho$
干密度	ρ_d	g/cm^3	$\rho_d=\frac{m_s}{V}=\frac{土粒质量}{土的总体积}$	$\rho_d=\frac{\rho}{1+0.01w}$
孔隙比	e	—	$e=\frac{V_V}{V_s}=\frac{土中孔隙体积}{土粒体积}$	$e=\frac{d_s\rho_w(1+0.01w)}{\rho}-1$
孔隙率	n	%	$n=\frac{V_V}{V}\times100=\frac{土中孔隙体积}{土的总体积}$	$n=\frac{e}{1+e}\times100$
饱和度	S_r	%	$S_r=\frac{V_w}{V_V}\times100=\frac{土中水的体积}{土中孔隙体积}$	$S_r=\frac{wd_s}{e}$

表 7.4　按排水条件分的剪切试验方法

试验方法	适用范围
快剪(不排水剪)	加荷速率快，排水条件差，如斜坡的稳定性，厚度很大的饱和黏土地基等
固结快剪(固结不排水剪)	一般建筑物地基的稳定性，施工期间具有一定的固结作用
慢剪(排水剪)	加荷速率慢，排水条件好，施工期长，如透水性好的低塑性土以及在软弱饱和土层上的高填方分层控制填筑等

表 7.5　按试验仪器分的剪切试验方法

试验方法	优点	缺点
直接剪切试验	仪器结构简单，操作方便	1. 剪切面不一定是试样抗剪能力最弱的面 2. 剪切面上的应力分布不均匀，而且受剪面面积越来越小 3. 不能严格控制排水条件，测不出剪切过程中孔隙水压力的变化
三轴剪切试验	1. 试验中能严格控制试样排水条件及测定孔隙水压力的变化 2. 剪切面不固定 3. 应力状态比较明确 4. 除抗剪强度外，尚能测定其他指标	1. 操作复杂 2. 所需试样较多 3. 主应力方向固定不变，而且是在令 $\sigma_2-\sigma_3$ 的轴对称情况下进行的，与实际情况尚不能完全符合

7.4　岩土水理性质的测试分析

岩土的水理性质是指：岩土和水相互影响而形成的不同属性，也就是岩土接触水后展现的特点。岩土水理性质与物理性质均为岩土主要地质属性。水理性质与岩土强度、变形有着密切联系，甚至对建筑主体稳固性有一定影响。水理性质为岩土和水作用出现的性质，而地下水在岩土内有着多种存在形式，其存在形式对岩土水理性质影响不一。

岩土水理性质包括：透水性、持水性、软化性、崩解性、给水性等。

7.5　测试数据的分析整理

分析整理水样、岩样和土样测试数据，并形成表格。

第 8 章　创造性教学阶段的基本技能训练

本阶段教学的目的主要是让学生们利用野外实际调查获取的第一手资料，结合收集的各种已有资料，掌握各种资料的室内整理分析方法和技术要求，能够进行创造性的整编工作，编制水文与水文地质调查报告及相应图表。

8.1　实际材料图的编制

实际材料图是反映和整理测绘工作的定额、工作量、工作计划、工作部署以及野外任务完成情况的平面图件，为编制和检查、核对其他地质成果图件提供资料依据。

8.1.1　编图内容的确定

实际材料图要能充分反映实际的工作量、工作内容、工作布置、路线和日程的安排：各类观测点位置要准确，编号要统一，便于查阅；要采用国家规定统一图例和工程代号；应标出国际图幅编号、比例尺、图的名称、接图简表、图例和图签；实际材料图不应拿到野外使用，不可折叠，应放在图筒内保存。图上反映的内容如下：

（1）野外测绘小组的临时基地（搬家站）位置、控制面积。

（2）地质观测点（天然露头、人工露头）位置及编号。

（3）地下水调查点（泉、井、试坑、钻孔）位置及编号。

（4）勘探点（各类钻孔、试坑）位置及编号。

（5）试验点（钻孔抽水试验、民井抽水试验、渗水试验、压水试验）位置及编号。

（6）取样点（简分析水样、全分析水样、土样、岩石标本）的位置及编号。

（7）观测路线的位置及进行方向。

（8）勘探线和剖面线的位置及编号。

（9）地下水动态观测点的位置与编号。

（10）节理统计点的位置及编号。

（11）气象站及水文站的位置及编号。

（12）地表水体、河流观测点的位置及编号。

（13）经纬线与主要居民点和交通线。

8.1.2　图的表示方法

（1）编图前事先选好一定比例尺的地形地质图作底图，拟定好统一图例及各种代号，并与其他图件统一。

（2）将计划的各搬家站及其控制面积、工作日期表示在图上，在基地转移前按任务完成的实际情况进行校核修正。

（3）应将当天工作的各种点、线等工作量，按统一规定的代号，从野外草图投到实际材料图上；两个观测点之间的连线，必须是野外实际的观测路线，不允许以直线相连。

(4) 在剖面线和勘探线的两端标出编号，如 $I-I'$ 剖面线和 $A-A'$ 勘探线。

(5) 实际材料图应附有各项工作量的统计表。

(6) 实际材料图应以地质图为基础进行编制。

(7) 实际材料图，应按计划定额要求，经常进行校对，以防止错误和遗漏。

8.1.3 特定符号设计

水文地质常用图例符号见表 8.1。

表 8.1 水文地质常用图例符号

1 ○	编号 基岩地质点
3 ○	编号 第四纪地质点
7 ○	编号 基岩与第四系界线点
10 ○	编号 地貌点
1 2 3	编号 观测路线
1	编号 简分析水样点
6 ⊠	编号 全分析水样点
9 # ⊕	编号 民井(机井)
4 # ⊕	编号 民井(机井)抽水
18	编号 钻孔抽水
2	编号 试坑
10	编号 试坑渗水
5 ○	编号 第四纪钻孔
12 ◎	编号 基岩钻孔
4	编号 矿泉(中间为红色)
1 50°	编号 温泉 水温(℃)
2	编号 长期观测孔
6 # 7 ⊕	编号 长期观测民井或机井
10 ⊠	编号 河流水文站

续表

11 0.5	编号　排水坑道　排水量(l/s)
90	河流流量断面、中间数字为流量(m^3/s)
	水库　数字为最大库容(亿 m^3)
	人工扩泉
I I′	剖面线位置及编号
34 $\frac{734.20}{0.29}$	编号　下降泉 $\frac{流量(m^3/d)}{矿化度(g/L)}$
12 $\frac{15.00}{0.26}$	编号　上升泉 $\frac{流量(m^3/d)}{矿化度(g/L)}$
5 $\frac{45.00}{0.26}$	编号　下降泉 $\frac{流量(m^3/d)}{矿化度(g/L)}$
$\frac{3}{3.32}$ $\frac{107.10-1.34}{2.75-0.24}$	$\frac{编号}{井深(m)}$民井$\frac{涌水量(m^3/d)-降深(m)}{埋深(m)-矿化度(g/L)}$
$\frac{6}{4.50}$ $\frac{5.25-1.50}{7.10-0.50}$	$\frac{编号}{井深(m)}$机井$\frac{涌水量(m^3/d)-降深(m)}{埋深(m)-矿化度(g/L)}$
$\frac{2}{80.00}$ $\frac{5.25-1.50}{7.10-0.50}$	$\frac{编号}{孔深(m)}$第四系钻孔$\frac{涌水量(m^3/d)-降深(m)}{埋深(m)-矿化度(g/L)}$
$\frac{3}{20.00}$ $\frac{5.25-1.50}{7.10-0.50}$	$\frac{编号}{孔深(m)}$基岩钻孔$\frac{涌水量(m^3/d)-降深(m)}{埋深(m)-矿化度(g/L)}$

注： 1. 泉的圆圈直径为2mm，尾长3mm。淡水泉为蓝色，矿泉为红色。
2. 井的边长均为3mm。

8.2　综合水文地质图的编制

8.2.1　目的及任务

1∶50000综合水文地质图是水文地质勘察工作的主要成果之一，是普查、勘探试验、长期观测等野外资料的综合反映。编制综合水文地质图的目的是全面、系统、清晰地反映工作地区的水文地质规律，阐明地区地下水类型及其埋藏条件，反映地下水形成特点以及含水岩组的富水性、岩性时代、水质、水量变化规律，地下水资源分布，并提出水资源开发和保护措施，圈定地下水开发远景地区，为今后的水文地质调查和地下水资源的开发提供水文地质资料。

8.2.2　要求

要充分、客观地反映实际情况，并力争具有科学性、地区性、综合性、实用性、艺术性。为提高编图精度，要求综合水文地质图在野外工作阶段及时确定含水岩组的分布界线及各类水点的位置和富水性界线等。

8.2.3 内容及原则

主要内容包括：

（1）主图（1：25000 或 1：50000 平面图，并附图例）。

（2）剖面图。

（3）辅助图件。

（4）说明书。

主图反映多种水文地质因素，并有重点地突出含水岩组的富水程度。基本原则是，立足于地下水资源的分布规律，考虑水资源的综合评价，突出地下水资源远景区，兼顾一般水文地质条件。潜水与承压水，松散岩层和基岩的含水岩组皆表现在一张图上。若下伏有主要含水岩组则以隐伏型加以表示，并有一定数量的代表性控制水点，以便尽可能反映较具体的水文地质条件。

主图的主要水文地质内容包括：

（1）含水岩组的分布。一般是数个含水岩层的集合体，且常处在不同的层位，因而要求以地质时代确定含水岩组的垂向顺序。

（2）含水岩组的富水程度。由于比例尺和研究程度所限，除以水点资料圈定外，少数地区也可以依据类比法确定岩组相对富水性的强弱。若研究程度较高，含水层富水性变化则应以井（孔）涌水量的大小圈定，其富水程度的指标数则在图例中标明。

（3）反映含水层的顶底板的埋藏深度，潜水、浅层承压水或深层水水位埋深，各类双层含水层结构以及下伏含水层顶板埋深及富水性。

（4）地下水化学类型及矿化度的表示。地下水矿化度分级、热矿水、肥水和超标的有害微量元素的分布。

（5）典型的自流水盆地。自流水盆地的界线以及自溢区均以特殊形式表示。

（6）地层（或岩体）代号及其界线。地层划分主要依据含水岩组的需要，或适当简化合并，或进一步细分至段。

（7）地质构造表示。与地下水有关的深大断裂带、断陷盆地、深大断陷带等。

（8）地表水系。注意水文地质要素与地表水体之间的有机联系，反映地下水的补给、排泄以及区域地下水径流与地表水系的关系。

（9）代表性的控制水点。如著名的泉、有代表性的井（孔）。

8.2.4 表示方法

8.2.4.1 单层结构含水岩组表示

（1）采用底色法，按照不同的色序表示不同含水岩组类型及其分布，在同一岩组类型中以颜色的深浅或色调线条的不同方向表示该岩组的富水性的强弱。下伏含水岩组的顶板埋深可用等值线表示。

（2）用花纹符号表示咸水、微咸水和超过规定标准的有害微量元素，大面积咸水可用灰色图例表示。

（3）用与含水层时代相同的色序等值线表示地下水位埋藏深度。

（4）用地质图例规定的地层符号和界线圈闭岩层分布范围。

（5）图面上控制水点（井、泉、孔），应表示出孔深、含水岩组涌水量、水质、水位等有关地质、水文地质资料。

8.2.4.2　多层结构含水岩组的表示方法

松散岩类孔隙水多层结构含水岩组，一般分为潜水和承压水或浅层水与深层水上、下两层的双层结构或上、中、下三层结构。岩溶水多层结构含水岩组有被第四系含水层覆盖的覆盖型岩溶水，隐伏于其他地层的埋藏型岩溶水。因此可划分为松散岩类孔隙水与隐伏碳酸盐岩类岩溶水，或者碎屑岩类裂隙水与隐伏碳酸盐岩类岩溶水组成的双层或三层结构形式。

表示方法：

(1) 双层结构的表示方法是采用宽、窄条相间，宽条代表上部潜水，窄条代表下部承压水，富水性用不同色调表示。如果是三层含水组则可采取等值线（注明富水性等级）或编制镶图以及其他方法加以表示，并仍以色调区别富水性等级。以宽窄条表示下部含水组的顶板埋藏深度，用不同色调反映富水性大小，宽窄条相间反映上下层结构。

(2) 把双层结构含水组的上部含水组视为一个空间，在图的同一个层面上表示；而把双层结构的下部含水组视为另一个空间，作为另一个层面表示。第一个层面采用底色法以不同的色块图例表示不同含水岩组及其富水性强弱；第二层面的松散岩类下部含水组或覆盖在其他地层下的隐伏岩溶水，则根据它们的富水性级别和含水组顶板埋深，分别设计不同方向的晕线图例，用区域法表示。二者是叠置关系，而不是组合关系，它们之间的图例都是独立存在的，从而在平面图上反映两个层次。对于隔水层，可用棕色方格表示。

8.2.5　水文地质图图例格式

8.2.5.1　松散孔隙水

(1) 浅层淡水或潜水——采用普染底色表示富水性（用单井涌水量表示）。

绿色	单井涌水量＞5000m^3/d
浅绿	单井涌水量 1000～5000m^3/d
黄绿	单井涌水量 100～1000m^3/d
黄色	单井涌水量＜100m^3/d

(2) 深层淡水或承压水顶界面埋深——采用绿色线划表示。

含水层顶板埋深			
＜100m	100～200m	＞200m	
			单井涌水量＞5000m^3/d
			单井涌水量 1000～5000m^3/d
			单井涌水量＜1000m^3/d

8.2.5.2 碳酸盐岩裂隙-岩溶水

（1）裸露型（水位埋深小于50m）——普染底色表示富水性（用单井涌水量表示）。

蓝色	单井涌水量＞1000m^3/d
中蓝	单井涌水量100～1000m^3/d
深蓝	单井涌水量＜100m^3/d

（2）覆盖型或埋藏型灰岩顶板埋藏深度——蓝色线划表示。

含水层顶板埋深			
＜50m	50～100m	100～200m	
			单井涌水量＞5000m^3/d
			单井涌水量1000～5000m^3/d
			单井涌水量＜1000m^3/d

8.2.5.3 基岩裂隙潜水及承压水

（1）基岩裂隙潜水——水位埋深小于50m采用普染底色表示富水性（用单井涌水量表示）。

红色	单井涌水量＞1000m^3/d
中红	单井涌水量100～1000m^3/d
深红	单井涌水量＜100m^3/d

（2）基岩裂隙潜水及承压水顶板埋深——红色线划表示。

含水层顶板埋深			
＜50m	50～100m	＞100m	
			单井涌水量＞1000m^3/d
			单井涌水量100～1000m^3/d
			单井涌水量＜100m^3/d

8.2.5.4 多年冻土孔隙裂隙潜水

（1）冻结层上水——采用普染底色表示。

灰	单井涌水量≥100m^3/d
浅	单井涌水量<100m^3/d

(2) 冻结层上水——承压顶板埋深采用灰色线条表示。

含水层顶板埋深		
<50m	50～100m	
		单井涌水量≥100m^3/d
		单井涌水量<100m^3/d

8.2.5.5　含水岩组的构造表示

为了反映地下水的形成，平面图上必须反映出含水地层断裂及褶皱构造，表示出基岩产状及断层的走向延长方向和性质；沿储水构造界线，加绘蓝色小圆点表示储水构造形成的富水带；背、向斜储水构造，采用蓝色轴表示；充水断裂带，可在断层充水一侧加蓝点，两侧充水则两侧加蓝点。

8.2.5.6　地下水矿化度及地下水位

地下水矿化度及地下水位埋深的表示均可采用两种不同色序或不同粗细（或实线或点线）线条表示。若复杂可做辅助。

8.2.5.7　控制性水点

控制性水点（孔、井、泉），一律按规定的符号用蓝色表示，矿泉水采用桃红色，钻孔及各种集水建筑物用红色表示。图面上一般应有控制水点 5～10 个/dm^2，包括钻孔 1～4 个。

所谓含水岩组是指含水特征相同或相近的岩层，归为同一含水岩组，多属于含水岩层的集合体，反映了地下水赋存的空间条件。

8.2.5.8　富水性等级划分

松散岩类孔隙水富水性等级的划分，要根据各含水岩组的结构、埋藏条件与补给来源等综合因素，结合勘探孔或生产井资料划分（表 8.2）。

表 8.2　　松散岩类孔隙水富水性等级划分表

地　区	富水性等级	单井涌水量/(m^3/d)	单位涌水量/[L/(s·m)]	地下水补给模数/[L/(s·km^2)]
山前地区	极丰富	>5000	>5	>20
	丰富	1000～5000	1～5	7～20
	中等	100～1000	0.5～1	3～7
	微弱	<100	<0.5	<3
平原地区	丰富	>3000	>3	>15
	中等	1000～3000	1～3	10～15
	微弱	100～1000	0.5～1	5～10
	弱	<100	<0.5	<5

续表

地 区	富水性等级	单井涌水量/(m^3/d)	单位涌水量/[L/(s·m)]	地下水补给模数/[L/(s·km^2)]
滨海地区	丰富	>500	>2	>10
	中等	200~500	1~2	5~10
	微弱	100~200	0.5~1	3~5
	弱	<100	<0.5	<3

对碎屑岩孔隙裂隙水根据组成的岩性、构造条件及补给条件，结合勘探资料，按单井涌水量划分富水等级。

对碳酸盐岩岩溶裂隙水，应根据岩性、构造、地貌及补给条件与水动力条件，结合勘探资料，按泉及暗河流量或地下水径流模数等综合因素，划分富水等级。

对基岩裂隙水，应根据岩性、构造、地貌等综合因素，结合泉流量统计与地下水径流模数划分富水地段（表 8.3）。

表 8.3　　基岩裂隙水富水性等级划分表

地 区	富水性等级	单井涌水量/(m^3/d)	泉水流量/(L/s)	地下水补给模数/[L/(s·km^2)]
碎屑岩裂隙孔隙水	丰富	>500	>50	>5
	中等	300~500	10~50	3~5
	微弱	100~300	5~10	1~3
	弱	<100	<5	<1
碳酸岩盐类裂隙溶洞水	丰富	>3000	>1000	>15
	中等	1000~3000	500~1000	7~15
	微弱	100~1000	100~500	1~7
	弱	<100	<100	<1
基岩裂隙水	丰富	>700	>100	>7
	中等	300~700	50~100	3~7
	微弱	100~300	10~50	1~3
	弱	<100	<10	<1

8.2.5.9 富水性的圈定

按构造、岩性、地貌等主要因素来圈定。

8.2.5.10 剖面图

选取以能充分反映本地区各类含水岩组及水文地质结构的两个（纵、横）剖面，并尽可能沿地貌变化最大的方向，并和勘探钻孔、控制性水点结合起来。剖面图中的各含水层、组，均按平面图设计的富水性色相上色。含水层中的隔水层及潜水位以上的包气带不上色，属第四系多层结构的含水岩组，应按含水岩组的富水性上色，即不考虑单层含水层的富水性。同一含水层、组，因厚度或岩性发生变化，导致富水性有差异时，应根据水文地质结构，示意性地采取逐渐过渡的方式划分出两者的界线，对基岩层间水，应考虑受深度的限制，即一定深度以下不再上色。对基岩裂隙水，一般大致按风化裂隙带的深度为界着色。

水文地质剖面图的地形线，应适当示意性地反映地貌特征，如阶地、古夷平面、峰林、峰丛等。剖面内还必须反映地质结构和水文地质内容：水位、承压水头、控制钻孔及其涌水量、充水断面或储水构造、淡水及咸水、影响水质的含盐地层等，并示意性地表示溶洞、落水洞、暗河等。

比例尺水平方向和平面图要一致，但垂直方向可以适当放大。

8.3　地下水化学图的编制

8.3.1　目的

地下水水化学图是根据水质分析资料结合地区的水文地质条件特点编制的。通过对地下水水化学资料的分析整理及编制成果图件，能反映出地区地下水化学成分的特点及其分布的规律性，从而揭露出地下水化学形成的规律，作为各种不同目的的水质评价及其他有关问题解决的重要依据。

8.3.2　内容

（1）按一定地下水化学成分分类方法，表示出地区内的各种不同地下水化学类型和它们的分布情况。

（2）用等值线表示出不同的矿化程度及其分布情况。

（3）用箭头表示出地下水的主要流向。

（4）将地区的主要地表水体（河流、海洋、湖泊）和水文地质现象（沼泽、湿地及盐渍化等）标示在图上，并指出水化学类型与矿化度。

（5）标出主要居民点和控制性水样点。

（6）地下水水质按矿化度划分为：①淡水（＜1g/L）；②微咸水（1～3g/L）；③半咸水（3～10g/L）；④咸水（10～40g/L）；⑤卤水（＞40g/L）。

在图上按规定的花纹表示。

（7）超标的Cl^-、SO_4^{2-}、Fe、F、氰、铬、砷、汞、酸及水的硬度，各种油田水、盐卤水、工业矿水、肥水等，根据资料多少，可采用双层结构或用钻孔符号、花纹或等值线、小柱状图等方法表示。在相应水点上应注明其含量。对引起污染的污水库、排污沟在其两侧设计相应颜色的各种箭头，反映其污染原因与途径。

（8）对出露的热泉，按温度可分为：①低温热水（23～40℃）；②中温热水（40～60℃）；③中高温热水（60～80℃）；④高温热水（80～100℃）；⑤超高温热水（＞100℃）。一般地区可简化为：①温泉（20～40℃）；②热泉（＞40℃）。

（9）水化学剖面图：选取既能包括地区水化学的基本类型，同时又是水化学类型及矿化度变化最大的方向，剖面线上的水点多且可靠。在水文地质剖面图的基础上反映水的化学特征。

8.3.3　表示方法

1. 水化学类型的分区及其表示方法

分区按主要阴离子进行划分，亚区根据次要阴离子及主要阳离子进行划分，如：HCO_3－Ca、Na 型水等。

HCO_3^- 水区用浅绿色，SO_4^{2-} 水区用浅红色，Cl^- 水区用浅黄色。Ca^{2+} 用平行垂直线，Mg^{2+}用平行斜线，Na^{+}用平行横线条表示。

2. 矿化度的表示方法

矿化度等级按国家统一规定，并结合不同目的和地区实际情况进行划分。矿化度在图上可用等值线或用与地层时代相同颜色的不同线条和不同方向反映地下水水质类型（即矿化度的等级）。等值线间距应按矿化度等级确定。至于下伏含水层的水质可用底色法和区域法相结合的方法表示。

8.4 地下水等水位线图的编制

8.4.1 目的

（1）确定地下水流向。

（2）确定地下水与地表水之间的补给关系。

（3）确定任意一点的地下水水位标高及埋深。

（4）确定地下水的水力坡度。

（5）提供布置取水、排水工程之依据。

（6）确定潜水含水层厚度。

（7）已知渗透系数 K 时，可计算某一过水断面的流量 Q_j。

（8）地下水水位下降漏斗的形成和发展及其与地质结构关系。

8.4.2 内容及表示方法

（1）地下水等水位线图在相应比例尺的地形图上编制。

（2）将钻孔、井位、泉水、试坑在地面上的位置标于地形图上。

（3）求出各水点地下水面的标高，将高程相等各点以圆滑曲线相连，则构成地下水等水位线。用插入法插点时，首先应在地形坡度最大方向上插，并且要垂直流向。

8.5 环境水文地质图的编制

环境水文地质图有区域性环境水文地质图和地方性环境水文地质图。

8.5.1 目的

编制环境水文地质图的目的是为有效地利用、管理和保护好地下水资源，防止不良的环境地质问题的产生提供依据。

8.5.2 内容

环境水文地质图内容除综合水文地图内容外，尚须增加的内容有地下水污染地段和未污染地段及监测点（包括勘探孔）的地下水中有害成分及土壤剖面化学分析资料。

由于环境水文地质受大气层、地表层、地下岩体、大气降水、地表水、地下水的综合影响，错综复杂，内容广泛，可根据需要分别绘制环境水文地质背景图、地下水污染指数图、地表水污染现状图、地下水污染源分布图、地下水资源保护图、环境质量水文地质分区图。

1. 环境水文地质背景

地下水开采初期的主要离子和有害离子的分布；早期地表水水质分析成果；土壤的化

学分析成果。

2. 地下水污染指数

采用砷、汞、酸、氰、铬、钼和能反映地下水污染的常规离子项 Cl^-、SO_4^{2-}、NO_3^-、NO_2^- 等与饮用水标准对比来圈定污染程度范围（表8.4）。

表8.4 地下水污染程度分级表

级	地下水污染程度	污染指数	有害物质检出情况	平面表示方法
Ⅰ	未污染地下水	<1	未检出有害物质	草绿色
Ⅱ	轻度污染地下水	1～2	检出有害物质未超标	浅蓝色
Ⅲ	重度污染地下水	2～3	检出有害物质已超标，但小于2倍	粉红色
Ⅳ	严重污染的地下水	>3	检出有害物质超标2倍以上	大红色

3. 地表水污染现状

如监测点数少，可采用与地下水污染分级类似的情况，用颜色柱表示污染程度。若监测点比较多，可以区分出不同河段的污染程度，测点多且监测项目齐全，可按综合指数法反映河水水质。

4. 土壤污染分布状况

收集、整理有关方面的成果，用类似地表水污染状况的表示法来表示。

5. 地下水污染源分布

(1) 各类污染源分布。根据调查结果，以不同符号或线条表示污染源分布状况。

工业污染源以不同方向线条分别表示出重工业、轻工业和印染、化工等；农业污染源以不同颜色或线条表示出农药、化肥污染、污灌污染或污染的范围等；三废污染源以圆圈大小表示排放量（t/d），以不同颜色表示排放物中的砷、汞、酚、氰、铬等五项有害物质(kg/a)，对氟、酸类、盐类、放射性物质也可视含量大小表示之。废气排放量以柱状表示($10^4 m^3/a$)，用不同颜色区分废气中的烟尘、恶臭及 SO_2 等气体，废渣排放量用三角形大小表示（$10^4 t/a$），以颜色区分废渣中锰、硫、铅等污染物。

(2) 主要污染源排放指数

1) 确定污染源排放的废水（液）中主要有害物，目前一般采用五项指标：砷、汞、酚、氰、铬。

2) 计算污染指数（P_A）。

$$P_A = \sum_{i=1}^{n} P_i$$

$$P_i = \frac{C_i}{C_{is}}$$

式中：P_A 为污染源 A 的排放指数；P_i 为污染源 A 排放的污染物 i 的排放指数；C_i 为污染物 i 的排放浓度，mg/L；C_{is} 为污染物 i 的饮用水标准或排放标准，mg/L；n 为污染物的种类数。

(3) 计算出污染物 P_i 占污染源 P_A 总数中的百分比。以圆圈大小表示 P_A 量级的大小，把每个圆分成10等份，以颜色表示五项有害物质的百分含量。利用污染指数进行评价，见表8.5。

表 8.5　　利用污染指数评价表

内容 / 表示方法	三废污染物排放量/($10^4m^3 \cdot a^{-1}$)			污染指数	污染源
	废　渣	废　水	废　气		
排放量分级（符号大小表示）	△的大小是从上到下由大变小 △>10000 △5000～10000 △1000～5000 △500～1000 △<500	>100 100～500 50～100 10～50 ○ 5～10 ○ 1～2 ○ <1 （"○"由上至下由大到小）	40000 30000 20000 10000 0 800 600 400 200 0	○ 50～100 ○ 10～50 ○ <10 （指数量级） （"○"由上至下由大到小）	冶金 炼油 钢铁 轻工

6. 地下水资源保护

各种地下水污染现状用花纹图例表示。非保护区、保护区和重点保护区分别用草绿色、橘黄色和粉红色以普染色表示（表8.6）。

表 8.6　　地下水资源环境保护分区格式表

区	地下水类型及其主要特征	污染现状	含水层上覆岩石(土)情况			保护措施
			岩石(土)名称	渗透系数/(m/d)	厚度/m	

地下水污染与含水层及包气带的岩性有密切的关系（表8.7）。

表 8.7　　介　质　类　型

介质类型	岩　性	对污染的作用
不透水介质	泥岩、泥质页岩	全部阻止污染扩散

E.B.平涅克尔于1979年提出防止地面放射性污染物进入地下水的包气带大致厚度（表8.8）。

表 8.8　　放射性污染物与地下水包气带厚度的关系

包气带岩性成分	可靠防护	包气带厚度/m 部分防护	不可靠防护
粗砂	>2	1.25～2.0	<1.25
中砂	>1.5	0.6～1.5	<0.6
细砂	>1.0	0.4～1.0	<0.4
亚砂土及亚黏土	>0.6	0.15～0.6	<0.15
黏土	>0.2	0.1～0.2	<0.1

7. 环境质量水文地质分区

地下水质量评价依据国家标准《地下水质量标准》(GB/T 14848—93)采用相应的方法进行评价。首先依据水质标准确定单项组分评价分值 F_i(表 8.9),然后根据 Nemerow 公式:$F=\sqrt{\dfrac{\overline{F}^2+F_{\max}^2}{2}}$ 或公式 $\overline{F}=\dfrac{1}{n}\sum_{i=1}^{n}F_i$ 计算综合评价分值。依据分值大小,划分地下水质量级别(表 8.10)。

表 8.9　单项组分评价分值 F_i

类别	Ⅰ	Ⅱ	Ⅲ	Ⅳ	Ⅴ
F_i	0	1	3	6	10

表 8.10　地下水质量级别

级别	优良	良好	较好	较差	极差
F	<0.80	$0.80\sim<2.50$	$2.50\sim<4.25$	$4.25\sim<7.20$	>7.20

根据地下水埋藏深度,划分地下水位埋藏类型(表 8.11)。

表 8.11　地下水位埋藏类型

深度/m	<20	$20\sim100$	>100
埋藏类型	浅埋藏型	中深埋藏型	深埋藏型

根据上述主要原则,进行环境水文地质分区(表 8.12)。

表 8.12　环境水文地质分区表

区	亚区	污染级别	埋藏条件
最优水源区(Ⅰ)	最优水源易开采区(Ⅰ$_1$)	未污染	浅埋藏型
	最优水源较易开采区(Ⅰ$_2$)		中深埋藏型
	最优水源区较难开采区(Ⅰ$_3$)		深埋藏型
良好水源区(Ⅱ)	良好水源易开采区(Ⅱ$_1$)	轻度污染	浅埋藏型
	良好水源较易开采区(Ⅱ$_2$)		中深埋藏型
	良好水源区较难开采区(Ⅱ$_3$)		深埋藏型
不良水源区(Ⅲ)	不良水源易开采区(Ⅲ$_1$)	中等污染	浅埋藏型
	不良水源较易开采区(Ⅲ$_2$)		中深埋藏型
	不良水源区较难开采区(Ⅲ$_3$)		深埋藏型
最差水源区(Ⅳ)	最差水源易开采区(Ⅳ$_1$)	严重污染	浅埋藏型
	最差水源较易开采区(Ⅳ$_2$)		中深埋藏型
	最差水源区较难开采区(Ⅳ$_3$)		深埋藏型

8.5.3 表示方法

1. 平面图

环境质量水文地质分区在图上以突出环境质量水文地质分区为主要内容，用颜色普染法表示。亚区用区的基本色调以深浅区分。Ⅰ区用蓝色，Ⅱ区用绿色，Ⅲ区用黄色，Ⅳ区用红色。区的边界线用粗线，亚区界线用中粗线圈出。

地下水污染类型：工业污染用I，农业污染用L，生活污染用C，混合污染用Δ在图上来表示，用细线圈出其分布范围。

地下水污染源的地点、主要成分及数量，用圆圈表示；废水排放方向用红色箭头表示。

2. 剖面图

选取能反映全区的不同环境质量水文地质单元的方向来做剖面。图中内容除反映环境质量水文地质分区的内容外，还应反映出地下水的含水岩性的组成及其地貌条件。区、亚区采用平面图的颜色表示。

3. 说明表

配合平面图说明区、亚区、分布范围及主要环境质量水文地质特征。

8.6 资料整理及报告编写

8.6.1 实习报告编写提纲

吉林大学新能源与环境学院地下水科学与工程系水文与水文地质生产实习报告

摘要（1500～2000字）

英文摘要（Abstract）

绪论

第一节　实习目的与意义

第二节　实习内容与实习方法

第三节　完成主要工作量：【主要包括完成的典型路线，地质点，地貌点，水文点，水文地质调查点，水文地质试验（抽水、渗水、压水），水化学分析个数、指标等，除了文字描述外，还可以表格形式表示】

第一篇　典型路线调查

第一章　松散岩类孔隙水典型路线调查

第一节　河谷地貌特征

第二节　孔隙水赋存特征及其与地表水转化关系

第三节　河谷冲积层渗透性特征

第四节　海水入侵对沿海地区地下水环境的影响

第二章　碳酸盐岩类岩溶水典型路线

第一节　寒武系府君山组岩溶裂隙水形成条件与赋存规律

第二节　奥陶系岩溶裂隙水形成条件与赋存规律

第三节　寒武系昌平组岩溶裂隙水形成条件与赋存规律

第三章　基岩裂隙水赋存规律典型路线

第一节　寒武系凤山组风化裂隙水形成条件与赋存规律

第二节　寒武-奥陶系构造裂隙水形成条件与赋存规律

第三节　构造低温泉形成条件与赋存规律

第二篇　水文与环境水文地质调查

第一章　水文与水文地质调查设计

第一节　前言：包括调查目标、任务、调查区位置、范围

第二节　调查区前期工作情况

第三节　地质背景及环境水文地质问题：自然地理概况、地质、水文地质与环境地质等简介

第四节　技术路线与工作方法

第五节　调查内容及工作部署：调查内容、具体路线及相关内容安排、时间进度安排、组织机构及人员安排、工作量安排、设备使用购置计划、质量保证与安全措施等

第六节　经费预算

第二章　调查区自然与地质概况

第一节　地理位置

第二节　地形地貌

第三节　气象水文

第四节　社会经济

第五节　地质条件

第三章　水文地质条件

第一节　地下水赋存与分布规律

第二节　地下水补径排条件

第三节　地下水动态特征

第四节　地下水化学特征

第四章　水资源/地下水资源计算与评价

第一节　计算区划分

第二节　水文/水文地质参数获取：降水入渗系数、蒸发系数、给水度、渗透系数、灌溉回渗系数等

第三节　地下水资源量计算与评价

第四节　地下水可开采资源量计算

第五章　调查区环境水文地质问题与质量评价

第一节　调查区矿山开发情况：包括矿山类型与分布、开发历史与采矿工艺、废水废渣的处置、尾矿库库区特征

第二节　地表水环境问题及其质量评价

第三节　地下水环境问题及其质量评价

第四节　环境治理对策

第三篇　抽水试验

第一章　抽水试验设计

第一节　抽水试验的目的及意义

第二节　场地概况：简述自然地理、地质及水文地质条件

第三节　抽水井与观测井设计

第四节　抽水试验技术要求

第五节　事故处理与注意事项

第六节　主要求参方法

第七节　时间安排与质量保证

第二章　抽水试验场地概况

第一节　地理位置及交通

第二节　气象水文

第三节　地质条件

第四节　水文地质条件

第三章　抽水试验观测

第一节　水位观测

第二节　流量观测

第三节　水温及气温观测

第四节　水样采取及测试分析

第四章　抽水试验参数计算

第一节　稳定流法计算水文地质参数

第二节　非稳定流法计算参数

第三节　参数合理性与可靠性分析与讨论

结论与建议

第一节　结论与认识

1. 典型路线调查结论与认识

2. 实习设计的认识

3. 水文与环境水文地质调查结论与认识

4. 抽水试验结论与认识

第二节　建议

参考文献

8.6.2　报告附图附表

1. 水文与水文地质调查附图附表

（1）实际材料图（比例尺 1∶25000，下同）。

（2）水系及流域分区图。

（3）综合水文地质图（含水文地质剖面）。

（4）综合地层柱状图。

（5）地下水等水位线图。

（6）水质分析成果表。

（7）井、泉等观测成果表。

（8）水文气象资料图表。

（9）渗水试验成果表。

（10）地表水测流成果表。

（11）岩溶、地质点调查表。

2. 抽水试验附图附表

（1）抽水试验平面位置图。

（2）抽水井钻孔柱状图。

（3）初始流场图。

（4）抽水历时曲线图。

（5）水位流量观测记录表。

（6）参数计算有关图表。

要求：

（1）现场完成附图表中的（1）、（2）、（3）、（5）。

（2）报告提交时间：外业实习结束后一周。

（3）根据报告提纲、附图表检查有否缺项，如有遗漏，补充调查（如用水现状、分布、排污、排水特点）。

第9章　实习基地概况

9.1　兴城实习基地概况

9.1.1　自然地理概况

9.1.1.1　地理位置及交通

兴城市是辽宁省辖市（葫芦岛市代管），位于锦州市西南部，在辽东湾西岸，居辽西走廊中段。东经120°06′至120°50′，北纬40°16′至40°50′之间。东南濒临渤海，西南依六股河与绥中县相邻远眺秦皇岛市，西北与建昌县接壤，北临葫芦岛市连山区，全市面积2147km^2，人口约61万。

兴城市交通发达。辽宁滨海大道，京哈铁路（兴城站），京沈高速，秦沈客运专线（毗邻葫芦岛北站）斜穿市境东南部，魏塔线铁路横贯市境西北部。318省道（兴凌线）横贯境内东西，以兴城市为中心，县乡公路呈放射状通往各乡。

9.1.1.2　气候气象

兴城市属于北半球暖温带亚湿润气候区。这里气候温和，干湿相宜，冬无严寒，夏无酷暑。1月平均气温为－8℃，7月平均气温24℃，年平均气温9℃，年降水量约620mm。3月份平均风速为5.0m/s，1月份和8月份平均风速为3.6m/s，全年平均风速为4.2m/s。暑期7—9月份，海水温度为24℃，海滩沙面温度31～33℃。

9.1.1.3　地形及水系

兴城属于辽西山地黑山丘陵的东部边缘，区域地貌为滨海丘陵。海拔高程一般为20～500m，相对高差200～350m，最高点位于兴城市西北的九龙山，海拔558.7m。山体的总体走向为北东向，地势总体上西北高，东南低。河流主要有发源于兴城市西北青山—笔架山—大虹螺山一带的六股河、烟台河、兴城河和西北河，这些河流均自西北向东南流动，最终汇入辽东湾。

9.1.2　区域地质概况

9.1.2.1　区域地层与大地构造

1. 区域地层

兴城地区出露的地层为典型的华北型。地层发育较齐全，有太古宙岩石单元，中、新元古界，古生界，中生界和新生界。太古宇岩石以片麻状花岗岩为主，被后期岩脉切穿。中、新元古界总体上可与蓟县剖面对比，但有些单元岩相特征、接触关系等方面有所不同。下古生界发育有寒武系和奥陶系，上古生界发育有石炭统和二叠系。区内中生界较为发育，但连续性较差，且各个时代地层分布于数个独立盆地内。新生代燕山地区在隆升过程中无沉积，仅局部地区发育有第四系更新统棕红色砂质黏土和淡黄色土，以及全新统现代神曲河床砂砾沉积。兴城地区区域地层发育概况见表9.1。

表 9.1　兴城地区区域地层简表

年代地层				岩石地层	厚度/m	描　述
显生宇	新生界	第四系		Q		粉砂质黏土、黄土、河床砂砾沉积物
		新近系				（缺失）
		古近系				
	中生界	白垩系	上白垩系			
			下白垩系	冰沟组	＞2465	紫色薄层粉砂质页岩、黄灰色砾岩、灰粉色砂岩
				九佛堂组	＞1000	灰绿色粉砂岩夹劣质油页岩、灰色中细砾岩
				义县组	＞500	紫红色中细砾岩、流纹质晶屑凝灰岩、安山岩
		侏罗系	上侏罗统			（缺失）
			中侏罗统	土城子组	1775	紫红色、灰绿色凝灰质细砂岩、砂岩、中粗粒砂岩
				髫髻山组	2276	辉紫色安山岩、安山玄武岩、砾岩、凝灰质砂岩
				海房沟组	＞300	灰绿色、辉紫色复成分砾岩
			下侏罗统	北票组	446	灰白、灰黄色凝灰质砂岩夹炭质页岩河薄煤层
				兴隆沟组	884	紫灰、灰黑色辉石安山岩、玄武岩、火山角砾岩
				羊草沟组	197	黄色中砾岩夹长石砂岩。长石砂岩、页岩、煤
		三叠系	上三叠统			（缺失）
			中三叠统	后富隆山组	46	黄色复成分砾岩，灰色、黄色尝试杂砂岩
			下三叠统	红砬子组	520	紫色砾岩、砂岩、粉砂岩，夹灰绿色中粒砂岩
	古生界	二叠系	上二叠统	蛤蟆山组	63	黄灰色厚层石英岩质砂岩、灰色凝灰岩、泥岩
				石盒子组	108	灰白、灰黄色含砾砂岩、砂岩，紫红色含砾长石石英砂岩，夹紫红色薄层细砂岩
			中二叠统	山西组	40～80	黄褐色厚层含砾粗砂岩、灰绿色页岩、煤层
			下二叠统	太原组	10～15	铝土质胶结中细砾岩，黄绿色，黑灰色页岩、铝土质页岩，夹粗粒长石砂岩及煤层
		石炭系	上石炭统	本溪组	6～30	底部为褐铁矿层或含铁质底砾岩，上部为灰黑色页岩、铝土质页岩
			下石炭统			（缺失）
		泥盆系				
		志留系				
		奥陶统	上奥陶统			
			中奥陶统	马家沟组	346	灰色中厚层含燧石结核、花纹状白云质灰岩
			下奥陶统	亮甲山组	110	灰色中厚层灰岩、白云质灰岩、含碎石结核
				冶里组	103	灰色中层及厚层白云质灰岩、花纹状灰岩

续表

年代地层				岩石地层	厚度/m	描述
显生宇	古生界	寒武系	上寒武统	炒米店组	55	紫红色含竹叶状碎屑鲕粒灰岩
				崮山组	68	灰色薄层、中层鲕状灰岩、泥质灰岩
			中寒武统	张夏组	145	深灰色厚层鲕粒灰岩
				馒头组	195	褐红色、紫红色粉砂岩、紫红色泥岩、砖红色页岩、土黄色页岩、粉砂质页岩夹薄层灰岩
			下寒武统	昌平组	59	黄灰色角砾状白云质灰岩
元古宇	新元古界	震旦系				（缺失）
		南华系				
		青白口系		景儿峪组	112	紫色、灰色薄板状灰岩
				长龙山组	118	灰白色薄层中粒含砾石英砂岩、灰绿色页岩
				下马岭组	?	（缺失?）
	中元古界	蓟县系		铁岭组	62	褐紫色薄层含锰页岩夹厚层锰灰岩
				洪水庄组	72	灰绿色页岩夹石英砂岩、黑色纸片状页岩
				雾迷山组	3176	灰色、灰黑色厚层白云岩
				杨庄组	622	灰色燧石条带白云岩夹紫色薄层白云岩
		长城系		高于庄组	1592	灰黑色厚层燧石条带含锰白云岩
				大红峪组	512	石英砂岩质砾岩、石英砂岩、凝灰质砂岩
				团山子组	382	深灰、灰黄色白云岩，含铁含粉砂白云岩
				串岭沟组	276	黑灰色、灰色粉砂岩，粉砂质页岩
				常州沟组	128	紫红色、灰色含砾长石砂岩、长石石英砂岩
	古元古界					（缺失）
太古宇				建平（岩）群		斜长角闪岩、二云母片岩等包体分布于太古宙片麻状花岗岩中

2. 区域大地构造

兴城地区前侏罗纪区域大地构造位于华北板块（华北地台）北部燕山台褶带东段，东南为华北断坳（新生代渤海湾盆地），北邻内蒙古地轴。

燕山褶皱带基底由太古宇建平（岩）群和片麻状绥中花岗岩构成。中、新元古代发育大陆裂谷作用，形成强烈沉降地区，即燕山裂陷槽，沉积厚度巨大的燕山型中、新元古界；古生界为典型华北型沉积；中生代受到环太平洋构造带活动叠加改造，印支运动、燕山运动强烈，北东、北北东向断裂发育，形成一系列北东、北北东向隆起与中、小型断陷盆地相间排列的构造格局，断陷盆地内发育陆相火山-沉积岩系。新生代燕山地区以隆升剥蚀为主，其南部则发育大陆裂谷盆地（渤海湾盆地）。

9.1.2.2 示范区地层与大地构造

1. 示范区地层

教学示范区杨家杖子地区出露地层为典型华北型沉积，发育中新元古界、古生界、中生界和新生界，普遍缺失上奥陶统、志留系、泥盆系和下石炭统。地层产状不稳定，遭受后期改造破坏强烈，本区出露地层简述如下。

（1）中新元古界。

长城系：杨家杖子地区出露的长城系有大红峪组（Ch_d）和高于庄组（Ch_g），两者为整合接触。大红峪组以石英砂岩质砾岩、石英砂岩、凝灰质砂岩为主，以角度不整合覆盖于太古宙绥中混合花岗岩之上，本区地层厚度大于469.3m；高于庄组以灰黑色厚层燧石条带含锰白云岩为主，与上白垩统义县组呈角度不整合接触，本区地层厚度大于64m。

蓟县系：杨家杖子地区出露的蓟县系为杨庄组（J_{xy}）和雾迷山组（J_{xw}），两者为整合接触。杨庄组以灰色燧石条带白云岩夹紫色薄层白云岩为主，与高于庄组地层为平行不整合接触，本区地层厚度约622m；雾迷山组以灰色、灰黑色厚层含硅质条带、结合白云岩为主，本区地层厚度大于2658m。

青白口系：杨家杖子地区出露的青白口系为长龙山组（Q_{bc}）和景儿峪组（Q_{bj}）。长龙山组以灰白色薄层中粒含砾石英砂岩、灰绿色页岩为主，与雾迷山组为平行不整合接触，本区地层厚度大于71.6m；景儿峪组以紫色、灰色薄板状灰岩为主，与长龙山组地层为整合接触，本区地层厚度大于11.08m。

（2）古生界。

寒武系：杨家杖子地区出露的寒武系从下到上依次为昌平组（$\in_{1c}$）、馒头组（$\in_{1-2m}$）、张夏组（$\in_{2z}$）、崮山组（$\in_{3g}$）。昌平组以黄灰色角砾状白云质灰岩为主，以平行不整合覆盖于新元古界之上，本区地层厚度约89.16m；馒头组以褐红色、紫红色粉砂岩、紫红色泥岩、砖红色页岩、土黄色页岩、粉砂质页岩夹薄层灰岩为主，与昌平组为整合接触，本区地层厚度约130m；张夏组以深灰色厚层鲕粒灰岩为主，与馒头组为整合接触，本区地层厚约90.18m；崮山组以灰色薄层、中层鲕状灰岩、泥质灰岩为主，与张夏组为整合接触，本区地层厚度约22.97m；炒米店组以紫红色含竹叶状砾屑鲕粒灰岩为主，与崮山组为整合接触，本区地层厚度约55.06m。

奥陶系：杨家杖子地区出露的奥陶系从下到上依次为冶里组（O_{1y}）、亮甲山组（O_{1l}）、马家沟组（O_{2m}），其中冶里组以灰色中层及厚层。

石炭系：杨家杖子地区出露的石炭系为本溪组（C_{2b}），底部为褐铁矿层或含铁质底砾岩，上部为灰黑色页岩、铝土质页岩，与奥陶系为平行不整合接触，本区地层厚度约59.3m.

二叠系：杨家杖子地区未见二叠系。

（3）中生界。

三叠系：杨家杖子地区出露的三叠系为红砬子组（T_{1h}），以紫色砾岩、砂岩、粉砂岩，夹灰绿色中粒砂岩为主，与蛤蟆山组为整合接触，本区地层厚度大于227.6m。未见后富隆山组（T_{2hf}）。

侏罗系：杨家杖子地区未见侏罗系。

白垩系：杨家杖子地区出露的白垩系为义县组（K_{1y}），以紫红色中细砾岩、流纹质晶屑凝灰岩、安山岩为主，与下伏地层为角度不整合而接触，本区地层厚度大于614.2m。

（4）新生界。

新生代燕山地区整体处于隆升剥蚀阶段，杨家杖子地区局部发育第四系。

2. 示范区大地构造

(1) 杨家杖子向斜。

杨家杖子向斜是区内规模最大的褶皱构造，整体形态呈近东西向展布的横长方形。杨家杖子向斜又可分为两个次级向斜构造。

笔架山—下黑鱼沟向斜：笔架山向斜西起笔架山，向东延伸至杨郊乡下黑鱼沟，轴向东西，轴长约 9km；核部由三叠系组成。北翼实际上可以看作大背岭背斜的南翼，由古生界、青白口系景儿峪组及蓟县系雾迷山组组成，北翼倾向南，倾角 24°～26°；南翼倾向北，倾角 10°～25°。西端有三叠纪-晚侏罗世松树卯闪长岩体侵入，中部和东部均被北东向断裂切割，使向斜残坡不全，其残余的北翼可以一直向北东延伸至石灰窑子—白庙子一带。

笔架山—下长茂向斜：南起下长茂以西，向北西延至笔架山以南，轴向北西，轴长约 7km，核部由三叠系组成，两翼为古生界、青白口系景儿峪组及蓟县系雾迷山组；南东端仰起，仰起端倾向北西，倾角 28°～40°北西端及北东翼均被断层切割。在向斜的仰起端及西南翼有中生代花岗岩侵入。岩体和地层的接触带上有金属矿产赋存。

(2) 下长茂—寺儿堡背斜。

该背斜西起下长茂以西，向东延伸至寺儿堡以西，轴向东西，轴长约 12km；核部为太古宙片麻状花岗岩。背斜两翼由长城系大红峪组、高于庄组构成，北翼地层倾向北，倾角 20°～60°，南翼地层倾向南，倾角 30°～65°，高于庄组岩层受断层影响倒转。其上被下白垩统义县组角度不整合覆盖。该背斜被断裂切割残破不全。背斜南翼的高于庄组中有晚侏罗世花岗岩株侵入，接触带上有小型多金属矿床。

(3) 松树卯断裂。

松树卯断裂是北东向区域性女儿河大断裂的南侧分支断裂，呈北北东—近南北向展布。断裂南起化梅山南，经喜鹊沟向斜南东翼及大背岭背斜西南倾伏端延伸至砖瓦房。断裂北东段被女儿河断裂切割。松树卯断裂走向北北东，倾向北西西，倾角 40°～80°，局部断面直立，断裂长达 10×12km，断层面呈舒缓波状，在松树卯露天矿采坑，形成松树卯控矿断裂带，其走向 25°，倾向 295°，倾角 70°，断裂东盘三叠系与断裂西盘寒武-奥陶系呈断层接触，沿断裂带普遍发育矽卡岩独变和矿化现象。松树卯钼矿床赋存于三叠系红砬子组（T_{1h}）砂岩和奥陶系马家沟组灰岩（O_{2m}）的断层接触带附近。表明松树卯断裂带为主要控矿构造，是区内内生热液型矿化的导矿构造和容矿构造。

(4) 上富儿沟—王家店断裂。

断裂位于大背岭背斜南东翼，长约 13km。断裂有分支复合现象，北东端被北东向断裂切断。在上富儿沟西，该断裂被近东西向断裂截断，石炭-二叠系呈扁豆状块体夹于断裂带中。在上富儿沟一带，断裂走向 45°～70°，倾向南东，倾角 40°～50°，断裂两侧地层产状紊乱，褶曲强烈。在毛祁屯—王家店东，断裂带由几条断裂组成了一个断裂束，长 9km，寒武系及下、中奥陶统呈扁豆状岩块夹于其中，断裂走向 45°，断面近直立。破碎带宽达 20m 左右，断层泥和构造角砾岩发育。破碎带两侧岩层直立，且北西盘页岩强烈挤压揉皱。在白庙子一带，断裂北西盘寒武系发育小型牵引褶曲构造。

(5) 下长茂—寺儿堡断裂。

断裂西起下长茂，向东延至寺儿堡西，在蜂蜜沟南被北东向断裂切断，全长 10km 以上。断裂走向近东西，倾向南，倾角75°，切割了太古宙片麻状花岗岩、长城系高于庄组、蓟县系杨庄组及雾迷山组。断裂东端切割了下白垩统义县组，并使其发生较小位移。在西羊草西，见破碎带宽约20m，中间有灰褐色闪长岩脉充填。闪长岩边部有片理化现象，且平行脉岩走向，片麻状花岗岩近岩脉处呈碎裂状，局部为糜棱岩或糜棱岩化片麻状花岗岩，并发育有长石化、高岭土化、绿泥石化。在片麻状花岗岩中有垂直擦痕。断裂面呈舒缓波状。该断裂主要生成于印支期，燕山运动第三幕仍有继承性活动。

9.1.3 示范区水文地质条件

1. 地下水类型

示范区内地下水按照含水介质类型划分为松散岩类孔隙水、碳酸盐岩类岩溶裂隙水、碎屑岩与岩浆岩孔隙裂隙水三种类型。

(1) 松散岩类孔隙水。

含水层主要由第四纪残积、坡积层与第四纪冲积、洪积砂砾石层组成，局部夹有含研亚黏土，多为潜水。

第四纪残积、坡积层一般沿中低山及低山丘陵区分布，由于位置分散，厚度均在3m以下，具有良好的排泄条件，所以一般不含水或含水量较小。第四纪冲积、洪积砂砾石孔隙含水层，主要分布于河谷、小溪的低洼地段。示范区内河谷孔隙潜水含水层分布于沿河的漫滩及陆地的第四系堆积物中，在上长茂—榆树沟一带，第四系厚度为2～4m，由砂、砾石、黏土构成。含水砂砾石层的厚度变化比较大，一般侵蚀强度较弱。此外，在洪积物分布地段可见泉水，如笔架山山麓泉水，流量在0.03～0.06L/min之间。

(2) 碎屑岩与岩浆岩孔隙裂隙水。

基岩裂隙水又分为碎屑岩类层间裂隙水和火成岩、变质岩构造风化裂隙水两种。

碎屑岩类层间裂隙水主要赋存于石炭-二叠系的砂页岩及砾岩互层的孔隙裂隙含水层中，主要分布于笔架山向斜及西沟向斜构造的中心部位；在沿黑鱼沟河一带呈零星分布岩性以砂页岩及煤系地层为主，风化裂隙较发育，加上机械破坏作用，构成风化裂隙及构造裂隙含水层。据1957—1964年杨家杖子矿务局相关资料，在下富儿沟一带的废旧坑道中有许多泉出露，流量在0.03～0.6L/min之间。

火成岩、变质岩构造风化裂隙水主要分布于东部丘陵地区，西部皆为零星分布，岩性主要为混合花岗岩、花岗岩及少量闪长岩、安山岩、石英岩。岩性致密坚硬，但受到强烈的侵蚀剥蚀与构造上升作用使部分岩石裸露，节理裂隙发育。花岗岩风化壳内多形成网状裂隙，连通性较好，形成蓄水空间。据1957—1964年杨家杖子矿务局相关资料，其水量不大，水位较浅，偶尔见有泉流，均在0.1L/min以下。其中，侏罗系-白垩系安山岩微小裂隙含水层沿河两岸广泛分布；由于构造作用，主要形成低矮的崖状丘陵，含水层极为微小，流量均小于0.01L/min，一般不见地下水露头。在地形有利部位，间歇性降雨后可见泉水出流。

(3) 碳酸盐岩类岩溶裂隙水。

该类型含水岩组由元古宇蓟县-长城-震旦系燧石角砾状、孔状厚层白云质裂隙含水层和古生界寒武-奥陶系大理岩化灰岩及石灰岩、鲕粒状灰岩、石英砂岩裂隙的承压含水层构成。

元古宇蓟县系、长城系、震旦系白云质裂隙含水层以厚层岩溶灰岩含水层为主，为实习区基底含水层，在莲花山一带广泛出露，连同砂质页岩、石英岩在内，层厚906～913m，为承压含水层。据1957—1964年杨家杖子矿务局相关资料，燧石灰岩孔洞中具有较大水量。

古生界寒武-奥陶系大理岩化灰岩及石灰岩、鲕粒状灰岩、石英砂岩裂隙的承压含水层可以分为以下3个含水层：①中下寒武统，厚层破碎大理岩裂隙承压含水层；②寒武系长山组或凤山组条带状灰岩岩溶裂隙弱含水承压含水层；③中奥陶统马家沟组厚层石灰岩岩溶裂隙弱含水层。

上述3个含水层与构造作用相关，往往含水层上部均有裂隙存在。据1957—1964年杨家杖子矿务局相关资料，寺前及岭前矿坑道及钻机揭露该含水层时，发现含水层或构造断裂内的承压水水头压力有几十米，涌水量大小不一；含水层间存在不同厚度的相对隔水层，由一系列的页岩、变质作用形成的角砾岩、页岩以及斑点板岩等具有不同程度的隔水作用的岩层组成，特别是斑点板岩隔水作用较强，使不同含水层具有不同的富水性。

2. 地下水补径排条件

区内地下水的补给、径流、排泄受地形地貌、气象、水文、地质等因素影响和控制。大气降水是区内地下水的主要补给来源，按地下水补、径、排的关系，可相对划分为低山丘陵补给区、山前地带径流区、山间谷地排泄区。

低山丘陵区表层基岩裂隙和岩溶裂隙比较发育，为大气降水入渗提供了良好的导水通道和赋存空间。在地下水流遇阻或冲沟切割较深处，以泉的形式排泄。该部分地下水以地下水径流方式补给河谷松散岩类孔腺水。

山前地带地下水径流区地表多分布坡洪积和残坡积亚黏土及亚砂土，降水入渗条件稍差，但由于地形坡度较大，在有砂、碎石层分布时，地下水径流条件较好，遇冲沟切割含水层时，则以泉的形式排泄。该部分地下水以地下径流方式补给河谷区含水层。

山间谷地、河谷平原区是地下水的排泄部位，该区地表水与地下水关系十分密切。黑鱼沟河流域上游地下水补给河水，下游某些部位由于工业用水集中开采，地下水位下降，局部地段地表水补给地下水。

3. 水化学类型特征

为了解全区水化学的空间分布特征，在吉林大学兴城实习基地教学项目的支持下2014—2016年，在研究区系统采集了地表水和地下水样品，根据水质分析结果，采用舒卡列夫分类法对研究区水化学类型进行分区，绘制研究区水化学类型图。

从示范区水化学类型图分析，东北部地区蓝色部分为$HCO_3-Ca(Mg、Na)$型水，东北部山区，地势较高，水力坡度较大，主要受大气降水补给，水文地球化学作用多为溶滤作用，溶解度相对较低的Ca、Mg在水中累积，总溶解固体较低（$<0.5g/L$），从水化学类型上看，水质较好，反映了该区地下水的背景特征。示范区北部钼矿矿湖、黑鱼沟一带水化学类型主要为$SO_4-Ca(Na)$型水，该区亦为山区，由于常年的矿产资源开发、尾矿废水沿尾矿坝下渗污染地表、地下水，总溶解固体稍高（$>1g/L$），水污染严重，水质较差。示范区西北部杨家杖子镇一带、中部莲花山一带以及东南部低山区一带主要水化学类型为$SO_4HCO_3-Ca(Mg、Na)$型水，这些地区地下水主要受溶滤作用和混合径流作用影响，溶解度较大的SO_4^{2-}逐渐增加，成为该区水化学类型的主要成分，总溶解固体在0.5～1g/L之间，水质一般。教学示范区南部上长茂、下长茂一带水化学类型为$Cl·SO_4-Ca(Mg)$型水，该区为河谷区，地势较平坦，水力坡度较小，地下水径流滞缓，为地下水排泄区，除了受上游补给水水质影响外，生活和农业污染对其影响较大，溶解度最大的Cl成为该区水化学类型的主要成分，地下水总溶解固体在0.5～1g/L之间，水质较差。

9.2 秦皇岛实习基地概况

9.2.1 自然地理概况

9.2.1.1 地理位置及交通

秦皇岛市位于河北省东北部，北依燕山，南临渤海，西隔缸山与碣石山遥望，东越长城与辽宁绥中为邻。秦皇岛现辖4个市辖区（海港区、山海关区、北戴河区、抚宁区），2个县（昌黎县、卢龙县），1个自治县（青龙满族自治县）。全区面积7813km^2，人口约313.42万。秦皇岛（海港）区是全市的政治、经济和文化中心，素有“不冻港”和“玻璃城”的美誉。新建的大型能源出口码头，各国轮船往来频繁。耀华玻璃远销世界各地。山海关区的天下第一关是万里长城的东端起点，雄伟壮观，为山、海相接的隘口，向为兵家必争之地。名胜古迹较多，海滨区为疗养避暑胜地，风景秀丽，气候宜人，滨海沙滩最适宜海浴。

秦皇岛市以其优越的自然地理环境于1984年4月被国务院列为14个对外开放的沿海重点建设城市之一。目前已形成以港口、旅游和玻璃工业三大优势为主体的新兴城市。秦皇岛市为东北和华北两大经济区的交通咽喉，故铁路和公路交通发达。现有京沈、京秦、大秦和青秦四条铁路。公路除京沈和津秦两条国道外，还有地方性沥青路多条，通往所属各县和乡镇，每天均有班车往来。空运线自1984年以来已辟有京秦、秦石和秦沪等民用航线，有定期班机飞行。

柳江盆地位于秦皇岛市区之北的抚宁区境内，属石门寨镇管辖。南起黑山窑村，北至义院口长城脚下，长约15km；东起张崖子村，西至伍庄—山羊寨一带，宽约12km，总面积约180km^2。盆地中心南距秦皇岛市23km，由秦皇岛市区开来的班车通往盆地内各村寨，青秦铁路纵贯盆地中部，交通较为便利。

在柳江盆地范围内，各时代地层的发育具区域代表性且连续出露，岩石类型也较齐全，地质构造清晰直观，外动力地质作用现象较多。此外，在海滨和山海关一带可以观察到许多近、现代海洋地质作用现象及各种地貌，配合柳江盆地的野外地质观察，极易进行将今论古的分析，有助于直观地理解和深入地思考许多地质学中的基本原理。所以，秦皇岛地区是一个非常理想的地质实习场所。目前柳江盆地已经被批准为国家级地质公园，成为地质旅游和地质实习的理想场所，已有众多的高校在此进行地学方面的野外实习。

9.2.1.2 气候气象

本区属暖温半湿润季风带华北型大陆性气候区。

1. 气温

历年平均气温为10.5℃，元月最冷，最低为零下21.5℃(1959年)，冬季平均为零下7℃；7月最热，最高达39.9℃(1961年)；夏季平均为25.7℃。每年20～25℃的气温占全年的33%，主要出现在6、7、8、9四个月，是不冷不热、不干不湿的最佳季节，而其他地方正处于酷热难耐干燥之时，所以为旅游避暑者提供了良好的条件。

2. 降雨量

年平均降雨量为695.5mm，最大年降雨量为1273.5mm(1969年)，最小年降雨量为320.1mm(1979年)。降雨期集中于每年的7—8月，占全年降雨量的70%～75%，冬季降雪稀少，最大积雪厚度多在15cm以下。降雪初日多在11月下旬，最早在10月24日(1980年)，最晚在1月21日(1972年)。降雪终日在3月末4月上旬，最早在2月24日(1980年)，最晚在4月15日(1979年)。降雪期达4～5个月。冰雹期较长，每年3—11月内均可发生，5—9月为降雹盛期。冰雹直径一般为1～4mm，历年平均为2.1次/年，很少成灾。

本区夏季雨量过于集中，且多以暴雨形式出现。据统计，最大暴雨强度为215.4mm/d(1975年7月30日)，平均暴雨强度为105.6mm。年最多暴雨日数为9d(1969年)，这种雨量分配不均的结果，最易引起旱涝灾害。

3. 日照

据唐山资料统计，本区年平均日照为2902.3h，最多月份为5月，多达292.9h，最小月份是12月，为199h。太阳出没时间，6月夏至的出没间隔最长，4：30出，19：29没，长达15h；12月大雪的出没间隔最短，7：05出，16：34没，仅9h29min。二者相差5个多小时。

4. 蒸发量

本区多年平均蒸发量为1 646.8mm，为多年平均降雨量的2.3倍，蒸发量最大的月份是5月，一般为234mm，占全年蒸发量的15%。

5. 相对湿度

本区多年平均相对湿度为61.7%，最大月平均为87%，最小月平均为0，与气温和降雨量呈正相关。6、7、8、9四个月相对湿度最大，多在70%以上。干燥度平均在1.3左右。

6. 风

本区因距蒙古高压中心较近，全年受其控制的风最长，主要风向受季风影响，随季节的变化规律是：每年3月为东风，5月为西风，7月为东南及南风，11月为东北风。总之，夏季多西南风，冬春季多东北风。主导风向为西南，平均频率为12.9%，其次为南西，再次为正东，平均风速均在5m/s以下。强风向为北东及东，平均风速6m/s左右，最大风速分别为20.8m/s及23.7m/s。另据多年统计，本区风速成1～3级占74.3%，3～4级占35.6%，大于6级者仅占0.5%。除上述常日风外，尚有台风串扰。据历史记录资料，渤海每年8月15日前后，都会有或大或小，或多或少的台风串扰。秦皇岛地区在1949年、1959年、1969年、1984年、1985年均在台风串扰下发生过大潮与洪水叠加的波浪，造成一些损失。

7. 冻土

本区冻土厚度一般为70cm，始冻开始于11月中旬，至翌年4月上旬解冻，长达140d。最大冻土深度为80cm(1986年)，最小冻土深度为35cm(1977年)。结冻与开化以及冻结深度均与当年气温变化相关，二者成正相关。

综上所述，本区气象资源（光、热、水）条件较好，适于农业生产和旅游业的开展，但本区又处于高低气压过渡带，季风盛行，为滨岸沙丘堆积带来动力。夏季雨量过于集中，暴雨频发，10a周期的大雨和每年台风的串扰，给第四纪沉积物的堆积带来特殊的影响。

9.2.1.3 地形及水系

俯瞰秦皇岛地区，表现为北高南低，总趋势为西北高，东南低，总体上属丘陵区；但其北部和西北部的局部为低山区，临海地带长约50km，发育有狭窄的向海倾斜平原和台地。

柳江盆地地处燕山山脉东段，为南北延伸的低山丘陵区。北、东、南三面为燕山期花岗岩形成的陡峻山岭所包围，东南面多为丘陵。最高峰西北部的老君顶，海拔493.7m，最低处为东南部大石河河谷内的南刁部落村，海拔70m左右。盆地内的主要水系为大石河，即沿此方向纵贯盆地，出盆地后于山海关西侧注入渤海。

境内的主要河流有大石河、汤河、代河和洋河等，均系入海河流，为临海小型水系。它们大都发源于北部的低山丘陵和台地区，其流向均为由北向南、由西北向东南流入渤海。河流的补给源以降水补给占绝对优势，约占全年径流量的80%左右，皆为流程短、流量小、含砂量高的季节性河流。

1. 大石河

发源于青龙县前山附近，由西北向东南流经柳江盆地后注入渤海。全长70km，其中近60km河段流经山区，并有9条小河汇入，仅下游12km的河段流经倾斜平原。该河流域面积约618km^2，其中560km^{2}以上为山区，故为山区性河流。河床总高差为400m，平均坡降为5.9‰左右。山神庙以上为20‰，大桥河口为1.3‰。河床主要为砾石，少有漂砾和粗中砂。据地矿部天津地质矿产研究所研究员李凤林统计，砾石的主要岩性为火山岩，其次为花岗闪长岩。流域内植被覆盖度达50%～60%，故水土流失不严重，河床也较稳定。

大石河水量丰富，多年平均径流量为1.68亿m^3。河流补给源以降水为主，所以平时流量很小，一般为0.3～0.6m^3/s，枯水期最小流量仅为0.15m^3/s，7—8月雨季时，径流量占全年的70%～80%，多年7月份平均流量为25.4m^3/s(小陈庄测站)。暴雨后洪水立刻上涨，且暴涨暴落。据统计大石河大汛周期为20a，小汛周期为5a。过去曾多次造成水患。自1972年在大石河出山口建成石河水库（通称燕塞湖）后，灾情大大减少。燕塞湖库容6750万m^3，不仅是秦皇岛市区主要供水水库，而且是一个美丽的旅游景点。

据李凤林统计，大石河洪水期具有洪峰高、流量大、来势猛、历时短、泥沙多等特点。大石河输沙率常随流量增减，集中于每年的7、8、9三个月，尤其7月份最大。月平均输沙率为26.7kg/s，14年平均输沙量为10.41万t；而1—5月和10—12月几乎无泥沙入海。大石河的泥沙出海后，主要堆积在河口外，形成向海突出2～3km的水下三角洲。其前缘以急斜坡式逼近10m等深线。三角洲上部水浅沙多，船只进入河口常被搁浅。当地居民称其为阎王殿。据老渔民介绍，60年来阎王殿已向前推进百余米，淤高约2m。目前大石河口外浅滩外缘远远超过老龙头岬角，所以老龙头岬角已不足为拦堵大石河泥沙的屏障。

石门寨地区的大石河流域可以划分为4个汇水亚区，包括石门寨汇水亚区、东宫河汇水亚区、驻操营汇水亚区和秋子峪—拿子峪汇水亚区（图9.1）。

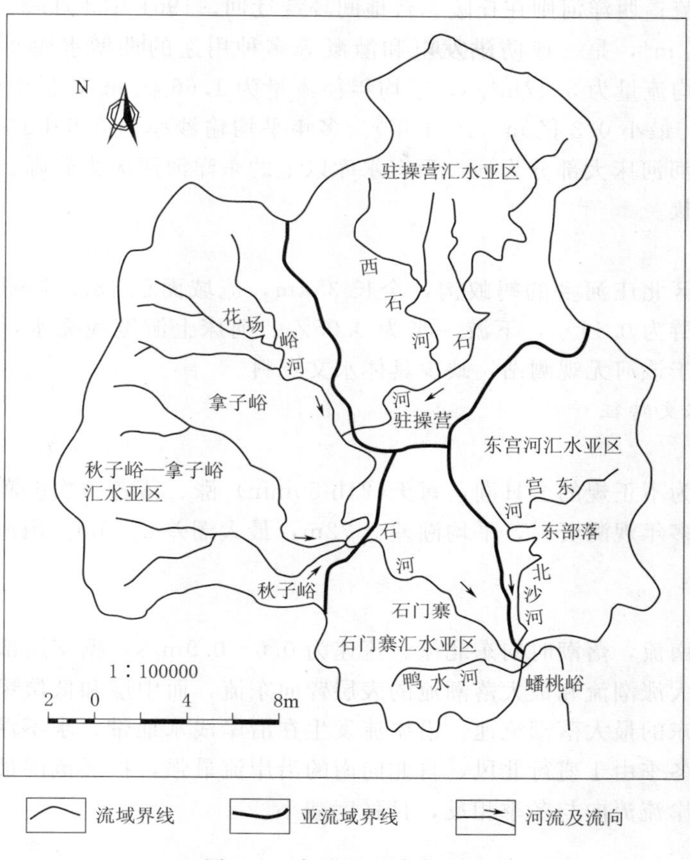

图 9.1 大石河流域水系图

2. 汤河

发源于抚宁区柳观峪西沟和温泉堡一带，因其上游有汤泉而得名。汤河上有二源，以东支为大，发源于抚宁县柳观峪村西北；西支次之，当地人称其为头河，发源于抚宁县温泉堡西南的方家河村。全长 30km，在秦皇岛市海港区西侧入海。流域面积 $240km^2$，流域内除西北源头为低山外，其余皆为丘陵和台地。河床高差近 200m，山区部分为峡谷，出山后河床立即变宽，最宽可达 1km。

据汤河站观测，该河年平均径流量为 0.368 亿 m^3。该河上游尽管有温泉水补给，但仍以降水补给为主。所以平时无水，降雨即涨。洪水期集中在每年的 7、8、9 三个月，具有洪峰高、流量大、来势猛、历时短和泥沙多等特征。1959 年最大洪峰流量为 $2000m^3/s$，枯水期流量一般仅 $0.05m^3/s$。河床砾石成分以变质岩和火山岩为主，但有的河段以泥沙为主。

3. 洋河

由东洋河和西洋河两大支流组成，于洋河水库汇合，至洋河口村西入海。东洋河发源于青龙县南大峪和独石，高差达 500m；西洋河发源于卢龙县相公庄乡的李家窝铺，高差达 100m。洋河全长 80km 以上，流域面积 $932km^2$。在水库以上东洋河处于深山峡谷之中，系山区性河流；西洋河则在丘陵、台地间环绕迂回。1961年3月竣工的洋河水库，其库容量为3.53亿m^3，是一座防洪发电和灌溉等多种用途的大型水库。据坝下观测站观测，洋河多年平均流量为5.47m^3/s，平均年径流量为1.66亿m^3，最大年径流量为2.86亿m^3(1969年)，最小0.3亿m^3(1961年)。多年平均输沙率为0.69kg/s，年平均输沙量为2.15万t。该河河床大部分为沙，只有水库以上的东洋河河床为砂砾、卵石。河口因受潮汐影响呈葫芦状。

4. 代河

发源于抚宁区北庄河乡的蚂蚁沟，全长35km，流域面积187.5km^2。高差为200m，全程纵坡比，上游为0.11‰，下游一半为0.05‰。河床上游宽浅无水，多砂砾石，下游窄深多泥沙。由于该河无观测站，缺少具体水文资料。

9.2.1.4 海洋水文特征

1. 潮汐

本区基本上为不正规的全日潮，每天(24h 50min)涨、落各一次。潮差较小，由北而南逐渐增大。据多年观测资料，平均潮差0.72m，最大潮差2.45m。山海关、秦皇岛区潮差常达1～1.5m。

2. 潮流

涨潮时向西南流，落潮时向东北流。流速为0.6～0.9m/s，据交通部一航院在油港附近观测，该处最大涨潮流和最大落潮流的表层皆向东流，而中层和低层则向西流。其最大涨潮流速大于向东的最大落潮流速。沿岸流发生在沿岸浅水地带，水不深，水层薄。其流向易受风影响。冬季由于盛行北风，自北向南的沿岸流最强，扩展范围最大；夏季是南向季风盛行期，沿岸流流向与冬季相反，且强度减小。

3. 海浪

本区近海以风浪为主，频率占94%，受季风影响明显。一年之内，3—5月波浪大，7—9月波浪小。涌浪以南风为主，且夏秋季多于春季。近岸浪高较小，一般为1～1.5m，波长平均为20～30m，而外海浪高较大，可达3～4m。

4. 表层海水盐度

据多年统计，平均盐度为2.983%，1972年最高为3.055%，1977年最低为2.886%，据多年平均统计，1—6月皆在3%以上，7—12月皆在3%以下，多雨的8月份盐度最低为2.877%，4月份最高为3.048%。表层海水盐度变化与降水关系密切，最高盐度出现于冬季，不利于结冰。秦皇岛港为不冻港，盐度加重也是原因之一。

5. 表层海水温度

据多年统计，平均温度为12℃，最高温度为31.3℃（1967年），最低温度为零下2.3℃（1971年）。

9.2.2 区域地质概况

实习区所处的大地构造位置，位于华北地台燕辽沉降带东段、古山海关隆起南缘的柳江向斜盆地内。其出露的地层中生界以前属华北地台型，而中生界侏罗系属环太平洋火山活动带。由于构造运动影响，使区内普遍缺失了中奥陶统至下石炭统、三叠系、白垩系及第三系。其他时代地层发育较好，出露较全，化石较丰富，各地层单位划分标志清楚，地层特征具有一定代表性。全区范围内出露的地层有上元古界青白口系，下古生界寒武系、下奥陶统，上古生界中石炭统、二叠系，中生界侏罗系以及新生界第四系。本区的地层层序，地层单位的划分及它们之间的接触关系见柳江盆地综合地层柱状简图（图 9.2）。

界	系	统	组	代号	地层柱状图	厚度(m)	主要岩性
新生界	第四季			Q	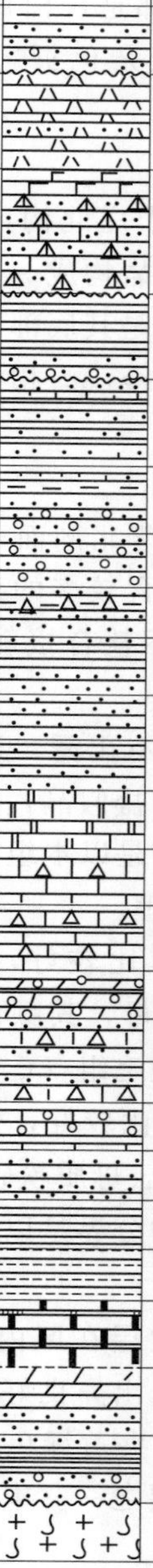	25	冲积黏土砂砾石层及部分黄土堆积，同下伏岩系为不整合
中生界	侏罗系	上统	孙家梁组	J_{3s}		350	为一套灰色酸性和中碱性火山熔岩和火山碎屑岩，包括流纹质、粗面质、粗安质、火山熔岩，凝灰岩，火山角砾岩及集块岩
		中统	蓝旗组	J_{2l}		大于1000	下部：灰绿-黄绿色安山质流纹质集块岩夹凝灰岩和火山熔岩，厚约100m。中部以中性为主，安山质、角闪安山质、粗安质火山熔岩，集块岩与火山角砾岩互层，厚400m。上部为中基性，黑绿色、紫红色、青灰色玄武质火山熔岩，集块岩互层，厚600m以上
		下统	北票组	J_{1b}		493	下部：砾岩和含砾粗砂岩为主，夹少量粉砂岩、页岩，厚278m。上部：以粉砂岩、炭质页岩为主，含煤线，厚215m，底部为砾岩
	三叠系	上统	黑山窑组	T_{3h}		162	灰白色中粗粒长石石英杂砂岩，炭质页岩，粉砂岩，含煤线
古生界	二叠系	上统	石千峰组	P_{2sh}		150	粉砂岩，泥岩夹少量砾岩，粗粒至中细粒砂岩和杂砂岩
			上石盒子组	P_{2s}		72	中厚层状含砾粗粒长石砂岩，夹紫色细粒砂岩，粉砂岩
		下统	下石盒子组	P_{1x}		115	中粗粒长石砂岩，第二、第三韵律顶部为A2，A1黏土岩层
			山西组	P_{1s}		61	灰黑色中细粒长石杂砂岩、粉砂岩，炭质页岩及黏土岩，含煤
	石炭系	上统	太原组	C_{3t}		51	灰黑色粉砂岩，以含铁质结核为特征
		中统	本溪组	C_{2b}		82	下部为铁质砂岩或褐铁矿（山西式铁矿），上部为粉砂岩及页岩
	奥陶系	中统	马家沟组	O_{2m}		101	暗灰色白云质灰岩夹白云岩，含燧石条带白云灰岩，顶部少量灰岩
		下统	亮甲山组	O_{1t}		118	中厚层豹皮灰岩，下部夹少量砾屑灰岩，钙质页岩
			冶里组	O_{1y}		126	下部微晶纯灰岩夹少量砾屑及虫孔灰岩，上部灰色砾屑灰岩夹灰绿色岩
	寒武系	上统	凤山组	$\in_{3f}$		92	黄灰色泥灰岩夹砾屑泥灰岩，黄绿色钙质页岩夹薄层泥质条带灰岩
			长山组	$\in_{3c}$		18	砾屑灰岩，粉砂岩及页岩互层
			崮山组	$\in_{3g}$		102	上、下部为紫色砾屑灰岩及粉砂岩，中部为灰色灰岩
		中统	张夏组	$\in_{2z}$		130	下部缅粒灰岩夹黄绿色页岩，上部缅粒灰岩夹泥质条带灰岩
			徐庄组	$\in_{2x}$		101	黄绿色、暗紫色粉砂岩，细砂岩夹少量缅粒灰岩透镜体
			毛庄组	$\in_{2m}$		112	紫红色页岩，含白云母片
		下统	馒头组	$\in_{1m}$		71	砖红色泥岩、页岩，底部角岩
			府君山组	$\in_{1f}$		146	暗灰色豹皮状含沥青质白云质灰岩
元古界	上元古界	青白口群	景儿峪组	q_j		28	中上部粉红色薄层泥灰岩，底部砂岩
			下马岭组	q_x		91	紫红色、黄绿色、灰黑色及蛋青色等杂色页岩，底为砂岩，含岩
中元古界				γ_2			肉红色混合岩化钾长花岩

1. 本区元古宙以后地层缺失O_3、S、D、C_1、T_1、T_2、K及R。
2. 本区地层出露总厚度约4 025m以上。柱状图高度不代表真实地层厚度（示意）。
3. 综合柱状图中除4个角度不整合，5个平行不整合，1个沉积不整合外，其余均为整合接触系。
4. 图例见统一图例部分。

图9.2 柳江盆地综合地层柱状图

1. 上元古界青白口系（Pt_{3q}）

（1）下马岭组（q_x）。

下马岭组为本区内最老的沉积岩地层单位。不整合于下元古代之前形成的绥中花岗岩之上，分布于张崖子至东部落，南部鸡冠山等地，以张崖子村西剖面出露较全，可作标准剖面，厚度91m。本组由两个沉积韵律组成。下韵律底部是灰白色含砾粗粒长石石英砂岩、含海绿石长石石英砂岩，向上过渡为紫色、黄绿色杂色页岩。与下伏绥中花岗岩（γ_2）呈沉积接触关系。

（2）景儿峪组（q_j）。

本组主要分布在区内的东部地区，出露最好剖面在李庄北沟，在黄土营村东也有出露。厚度28m。岩性由粗至细，由碎屑岩-黏土岩-碳酸盐岩构成一个完整的韵律，具有海侵沉积的特点。与下马岭组呈整合接触关系。其分界标志是其底部黄褐色或带铁锈色的中细粒铁质石英净砂岩，其中含有大量的海绿石，属滨海相至浅海相沉积。

2. 古生界（Pz）

（1）寒武系（∈）。

府君山组（$\in_{1f}$）：区内寒武系最下部的地层，东部落北剖面可作为标准剖面，厚度146m。岩性主要为暗灰色豹皮状含沥青质白云质灰岩，含较多的莱得利基虫化石，属浅海相沉积，与下伏景儿峪组、上覆的馒头组均为平行不整合接触关系，分层标志十分明显。

馒头组（$\in_{2m}$）：出露零星，东部落的北部和西部都有出露，地层厚度为71m。岩性特征是鲜红色（或砖红色）泥岩、页岩为主，页岩中含石盐假晶，并夹有白云质灰岩。本组与下伏的府君山组呈平行不整合接触；与毛庄组的分界是以本组顶部的鲜红色泥岩作为标志层，泥岩的特点是颜色鲜红（砖红），成块状，无层理。

毛庄组（$\in_{1mo}$）：与馒头组相似，在沙河寨西出露比较好，化石较丰富，厚度约112m。主要岩性以紫红色页岩为主，页岩含少量的白云母，其颜色比馒头组页岩的颜色暗一些，俗称为猪肝色。本组与馒头组在野外通常简称馒毛组（$\in_{m\text{-}mo}$）。

徐庄组（$\in_{2x}$）：分布比较广泛，东部落西剖面出露比较好，化石十分丰富，本组地层上下界限清楚，厚度101m。岩性为浅海相的黄绿色含云母质粉砂岩，夹暗紫色粉砂岩、细砂岩和少量鲕状灰岩透镜体或扁豆体。与下伏毛庄组的分界是以黄绿色粉砂岩与暗紫色粉砂岩互层为标志。

张夏组（$\in_{2z}$）：受到覆盖和破坏较少，是寒武系地层在区内分布最广的地层之一，几乎盆地周围都有分布，在揣庄北288高地以东的山脊上出露良好，是区内较好的标准剖面，本组地层厚130m，属浅海相沉积。下部为鲕状灰岩夹黄绿色页岩；上部以鲕状灰岩为主，夹藻灰岩、泥质条带灰岩。是三叶虫最丰富的地层之一。本组底部为层状的鲕状灰岩，与下伏地层徐庄组为整合接触。

崮山组（$\in_{3g}$）：与张夏组在区内分布相仿，厚度102m，属浅海相沉积。下部和上部都以紫色砾屑灰岩及紫色粉砂岩为主；中部则是灰色的灰岩（包括泥质条带灰岩、鲕状灰岩、藻灰岩等）与下伏张夏组界线明显。化石非常丰富，几乎每层都可以采到。

长山组（$\in_{3c}$）：分布基本上与崮山组一致，厚度只有18m左右，属浅海相沉积。岩性为紫色砾屑灰岩、粉砂岩与页岩互层，夹有藻灰岩及生物碎屑灰岩。与下伏地层古崮山组为整合接触，两者分界清楚。产三叶虫化石。

凤山组（$\in_{3f}$）：分布与崮山组、长山组相同，厚度92m，属浅海相沉积。主要岩性为黄灰色泥灰岩夹砾屑泥灰岩。黄绿色钙质页岩及薄层状泥质条带灰岩。特点是泥质成分增多，容易被风化，风化往往形成黄色土状物。与下伏长山组为整合接触，以底部的青灰色砾屑泥灰岩为标志层。化石也较丰富，三叶虫化石垂直分带明显。

（2）奥陶系（O）。

冶里组（O_{1y}）：其分布大体上与凤山组一致，主要分布在东部区。出露较好的是在潮水峪至揣庄一带，厚度125m，属浅海相较深水沉积。下部为灰色微晶质纯灰岩夹少量砾屑灰岩及虫孔状灰岩；上部为灰色砾屑灰岩夹黄绿色页岩。与下伏的凤山组为整合接触，其分层标志是以灰色砾屑灰岩作为冶里组的底界，此砾屑灰岩很薄，厚度不到0.5m，其上便是纯灰岩。

亮甲山组（O_{1t}）：典型剖面是在石门寨的亮甲山，厚度118m，属浅海相沉积。主要岩性是中厚层状豹皮灰岩，下部夹少量砾屑灰岩和钙质页岩。与下伏冶里组为整合接触，分界是以亮甲山组底部的中厚层状豹皮灰岩为标志，风化后呈泥质条带状，局部含泥质结核。含有大量的化石。

马家沟组（O_{2m}）：分布同亮甲山组一致，以亮甲山及北部茶庄北山发育较好，厚度为101m。属浅海相沉积，较深水环境。本组岩性以白云岩和白云质灰岩为主，底部是具微层理、含角砾、含燧石结核黄灰色白云质灰岩。本组与下伏亮甲山组为整合接触，分层标志是以马家沟组底的黄灰色具微层理、含砾屑、燧石结核的白云质灰岩。白云岩具“刀砍痕”。

（3）石炭系（C）。

本溪组（C_{2b}）：在本区的东、西部分布都很广，发育和出露最好的是半壁店191高地、小王庄一带发育较好，厚度82m。属于海陆交互相沉积。下部为铁质砂岩、褐铁矿（山西式铁矿）和黏土岩（G层耐火黏土），平行不整合于马家沟组之上；上部为细砂岩、粉砂岩及页岩，夹3～5层泥灰岩透镜体。组成2～3个由陆相到海相的完整的沉积韵律。陆相粉砂岩中含植物化石，透镜状石灰岩中含海相化石。

太原组（C_{3t}）：分布与中石炭统本溪组相同。在半壁店、小王山一带发育较好，在小王山剖面厚度为51m；在石门寨西门至瓦家山剖面厚度为48m。本组岩性比较稳定，以灰黑色粉砂岩含铁质结核为主要特征，夹少量煤线及灰岩透镜体，由两个韵律组成，是海陆交互相沉积。与本溪组呈整合接触，分界明显，本组底部青灰色铁质中细粒长石岩屑杂砂岩，风化后具小孔，又称小孔砂岩。含植物化石。

（4）二叠系（P）。

山西组（P_{1s}）：主要分布于东部黑山窑至曹山一带，西部也有出露，是区内重要含煤地层，属近海沼泽沉积。石门寨西门剖面厚度61.8m。主要岩性为灰色、灰黑色中细粒长石岩屑杂砂岩、粉砂岩、炭质页岩及黏土岩，构成两个韵律。第一个韵律含煤层，第二个韵律的顶部含铝土矿（相当于B层耐火黏土）。本组厚度变化较大，约在35m至60m之间。与下伏太原组呈整合接触关系，分层标志是本组底部的灰色、灰白色长石岩屑杂砂岩。含植物化石。

下石盒子组（P_{1x}）：主要分布在黑山窑至石岭一带，西部有零星分布，厚度115m，属湖泊相沉积。由三个韵律组成，主要岩性为灰色中粗粒长石岩屑杂砂岩；上部两个旋回的顶部分别有A1、A2层耐火黏土或黏土质粉砂岩，颜色为紫色、紫灰色。本组含植物化石。

上石盒子组（P_{2s}）：分布比较局限，主要在黑山窑、欢喜岭至大石河西侧有出露。厚度72m。岩性特征以河流相的灰白色中厚层状含砾粗粒长石净砂岩为主，夹少量紫色细粒砂岩及粉砂岩。与下伏下石盒子组为整合接触关系，底部以灰白色含砾粗粒长石净砂岩为特征，单层厚度较大，含长石较多，杂质少，粗粒结构并含砾石。

石千峰组（P_{2sh}）：只见于黑山窑至欢喜岭一带，厚度为150.0m以上。主要岩性是一套河流相的紫色岩层，包括粉砂岩、泥岩、夹少量砾岩、粗粒至中细粒净砂岩和杂砂岩。其与下伏上石盒子组为整合接触关系，其底部是紫红色含砾粗粒岩屑长石杂砂岩。含植物化石。

3. 中生界（M_z）

（1）三叠系（T）。

黑山窑组（T_{3h}）：典型剖面在黑山窑后村西，地层厚度167.8m。主要岩性为灰白色中粗粒长石石英杂砂岩、黑色炭质页岩、粉砂岩，含煤线。其中含大量植物化石，属湖泊相。与下伏上二叠统石千峰组为整合接触关系。北票组底部以砾岩与本组分界。

（2）侏罗系（J）。

北票组（J_{1b}）：在本区分布面积广，主要在中部区，以黑山北窑、大岭一带出露较好。分为上、中、下三个岩性段。下段岩性由黄灰色、灰白色含砾粗粒长石石英砂岩、黑色炭质页岩、粉砂岩及含煤线组成四个沉积韵律，厚度为161.8m，属大陆湖泊相沉积。与下伏三叠纪地层呈角度不整合接触关系。底部具砾岩层，含有植物化石。中段岩性以砾岩和含砾粗砂岩为主，夹少量粉砂岩及页岩，厚度为278m，与下伏北票组下段呈整合接触，属大陆湖泊、河流、沼泽相沉积，含植物化石及动物化石。上段岩性以灰黄色巨砾岩夹黄色含砾粗粒长石杂砂岩、粉砂岩、黑色灰质页岩为主，含煤线，厚度为215m，以底部具砂岩与中段分界，沉积环境与中段相似，含植物化石及动物化石。该组所夹煤系仅在义院口、夏家峪等处可采。

蓝旗组（J_{2l}）：以一套火山岩石系分布在盆地中部老君顶至大洼山一线，在上庄坨、傍水崖一带出露较好，厚度在1000m以上。与北票组等老地层呈角度不整合接触。下部为偏酸性的安山质火山角砾岩及集块岩、流纹质集块岩夹凝灰岩、火山熔岩，厚度在300m以上。中部以中性火山熔岩为主，灰绿色安山质、角闪安山质、粗安质火山熔岩与集块岩、火山角砾岩互层，厚度为400m左右。上部为中基性火山熔岩，为黑绿色、紫红色、青灰色碱性玄武岩、玄武安山质、灰石安山质火山熔岩和熔结集块岩、集块岩互层，夹少量火山角砾岩及凝灰岩，厚度在600m以上。

孙家梁组（J_{3s}）：分布局限于东南隅蟠桃峪一带，未见与其他地层直接接触关系，厚度在350m以上，是一套灰色酸性和中碱性火山熔岩和火山碎屑岩，包括流纹质、粗面质和粗安质火山熔岩、凝灰岩、火山角砾岩与集块岩。

4. 新生界（Kz）

本区新生界仅有第四系零星分布，且主要为河流阶地松散堆积物。没有胶结成岩。见有少量洞穴堆积，分布在黄土营、山羊寨、李庄、茶庄等地石灰岩溶洞中，为砂砾、黏土堆积物，已开始固结变硬。根据洞穴中脊椎动物化石有狼、熊、鹿、野猪等化石，鉴定其形成时代为第四纪中更新世。

9.2.3 岩浆活动与岩浆岩

本区的岩浆活动从方式上有深成侵入，浅成侵入，溢流熔岩及火山爆发等。从时间上看，深成侵入体有两个大的活动时期，即前震旦纪和中生代末的晚白垩世。浅层侵入体则难以确切定其时间，从其分布下限来看，分布的时间甚广，但有活跃于中生代晚期之势。在空间上，深层侵入体主要出露在柳江向斜的两翼，东老而西新。浅层侵入体则广泛分布于向斜的两翼，而以东翼更甚，有依存于不同构造期的裂隙系统之势。溢流、爆发的岩浆活动则主要集中在向斜核部，随着时间的推移，则有向北、向东扩展之势。

本区的岩浆岩有相当丰富的类型，产状多样，特别是脉状岩体的岩石类型更加丰富。现在依序概略描述如下：

（1）超基性岩类：本区只发现玻基辉橄岩，出露于石门寨西北的北峪村西约 200m 的小路上。呈岩墙状产于中侏罗统蓝旗组的火山碎屑岩中，宽不足 2m，色深灰，具玻基斑状结构，斑晶细，标本为致密状，有别于常见的同类型，即其基质几乎无色，辉石和橄榄石呈复原形粒状。后者多已蚀变为蛇纹石或被硅酸盐交代而保留其晶形，不含长石。

（2）基性岩类：有两种，其一为浅层侵入体，其二为火山熔岩。

辉绿岩或辉长岩大多数出露的地方，以亮甲山采石场比较集中，岩石呈暗绿色，细均粒结构，镜下具典型辉长结构，部分辉石已绿泥石化和硅酸盐化。

基性熔岩所见为粗粒玄武岩，产于中侏罗统蓝旗组的上部，出露在上庄坨西大石河抽水站附近，岩石呈黑绿色，隐基斑状结构，块状构造。富含橄榄石，但多已蚀变为蛇纹石或自变为伊丁石等，仍保留原始的暗化边。斑晶还有易变辉石和斜长石，厚 5m 左右。

（3）中性岩类：分布最广，岩石类型最多，既有小侵入体又有火山熔岩。主要有：潮水峪村西北、沙锅店东等地的闪长玢岩岩墙，上庄坨西大石河抽水站附近等地的辉石角闪安山玢岩，柳江向斜核部的中侏罗统地层中的安山岩（玄武安山岩、辉石安山岩、角闪安山岩、闪辉安山岩、斜长安山岩、粗安岩和英安岩等）。

（4）酸性岩类：主要分布在本区西部和东部，呈深层的岩基侵入体，此外尚有若干脉状侵入体穿切于中生代蓝旗组地层之前的各个时代地层之中。

花岗岩-绥中花岗岩（γ_2）：出露于东部张崖子村附近，或西南部鸡冠山下，沉积不整合在下马岭组石英砂岩之下，同位素年龄为 17.5 亿 a 以上，故定为 γ_2。岩石为肉红或灰白色，但岩体的成分分布很不均匀，结构构造变化很大。其中有很多混合岩化的迹象和老变质岩的残留体或捕虏体。因此有人认为它是均质混合花岗岩。

燕山期花岗岩（γ_5^3）：分布于西部花厂峪至温泉堡、东南部黄架沟以南一带，根据接触关系和同位素年龄，属于中生代晚期侵入的花岗岩，分布范围大。在花厂峪一带所见仅属该岩体的边缘相，呈肉红色，由正长石、斜长石、石英和少量黑云母组成，具中细粒显基斑状结构，为中细粒斑状花岗岩。

花岗斑岩：出露于石岭东南等地，为细粒基质的斑状结构，呈岩墙状侵入在晚寒武世至中奥陶世的地层中，常见被基质熔蚀的钾长石和石英斑晶，潮水峪村西有一宽达5m以上的花岗斑岩墙，具蠕英环斑结构和更长环斑结构。花斑岩是花岗斑岩的变种，出露在伍庄南和王庄南等地，从标本上难与花岗斑岩区别，但镜下可见普遍发育一种微文象结构和微文象球粒结构。石英斑岩出露于沙锅店东等地，是花岗斑岩的又一种变种，具隐基斑状结构，石英斑晶特多，普遍具有熔蚀现象。

(5) 脉岩类：仅见有钙碱性脉岩，也存在碱性系列的脉岩。拉辉煌斑岩呈岩墙状出露在亮甲山奥陶纪灰岩和傍水崖一带蓝旗组火山碎屑岩中。闪斜煌斑岩呈岩墙状穿插在中生代地层及其他更老的地层中，分布较广。云斜煌斑岩呈岩墙状穿插在寒武奥陶地层中，分布在288高地等地。霏细岩呈岩墙或岩床状穿插在寒武奥陶地层中，白色，具霏细结构。伟晶岩大部分布在北戴河海滨和联峰山公园内的混合花岗岩中。

(6) 火山碎屑岩类：广泛分布于柳江向斜的核部中侏罗统蓝旗组地层之中和东南部晚侏罗统孙家梁组地层之中。岩浆成分有基性、中性和酸性，从碎屑粒度来看，有集块岩、火山角砾岩和凝灰岩等类型，按成岩作用方式有熔结火山碎屑和正常火山碎屑岩等。

9.2.4 变质作用与变质岩

本区变质作用可分为接触变质作用、区域变质作用和混合岩化作用等类型，将其岩石类型简述如下：

(1) 接触变质作用类型：本区出现热接触变质作用和交代接触变质作用，二者均发生在燕山晚期花岗岩与不同时代的围岩接触带。热接触变质岩主要分布在盆地西北方向花厂峪至伍庄一带，围岩受热而变黑或变成黑红色，硬度变大，结构致密，变余层理构造仍清晰可见，大多数仅达到角岩化程度。交代接触变质岩主要分布在杜庄车站西4km外的温泉堡至小王庄一带花岗岩（γ_5^3）与中下寒武统碳酸岩接触带，围岩发生交代接触变质，以透辉石榴石矽卡岩为代表。

(2) 区域变质作用类型：在吴家房—鸡冠山和北戴河联峰山公园等地，主要以混合岩化的残留体出现，但老区域变质岩的特点还很清楚，岩石类型相当丰富，有黑云角闪斜长片麻岩、角闪斜长片麻岩、斜长角闪岩、黑云斜长片麻岩、斜长浅粒岩、二长浅粒岩、角闪石岩、绿帘黑云阳起片岩、白云角闪片岩等。

(3) 混合岩化类型：即所谓的绥中花岗岩，在张崖子村附近和北戴河海滨及联峰山公园等地，其岩石类型有角砾状混合岩（脉体为斜长角石岩或角闪石岩，基体为片麻岩、浅粒岩或片岩等），条带状混合岩或球状混合岩。

9.2.5 地质构造

石门寨地区处于燕山沉降带东段，山海关隆起东南缘，主要构造线方向为南北向。

自古生代以来，本地经历海西—印支运动和燕山运动，形成了一系列较为复杂的褶皱构造与断裂构造。西部地区产生了近南北向的背斜构造，西翼地层产状较缓而东翼地层直立倒转，被断裂破坏；中部和东部地区，则为一个开阔的不对称大向斜，西部地层直立倒转，东翼地层平缓，并且发育有一系列阶梯状断层的地堑、地垒。依据区域性角度不整合与各地质时期的地质构造基本特征，本区可划分如下构造层：

盖层 { 中生代构造层
青白口群-古生代构造层

基底——混合花岗岩。

9.2.5.1 青白口群-古生代构造层

该构造层由元古代青白口群下马岭组、景儿峪组和古生代地层组成。

1. 褶皱构造

西部地区发育有两个被断层破坏了的近南北向的背斜，一是柳观峪—秋子峪背斜；二是张赵庄—伍庄背斜。

柳观峪—秋子峪背斜：分布在柳观峪以东，秋子峪以南，呈北北东向延伸，出露长度达1.8km，宽度为0.3km。背斜核部在柳观峪以东，由府君山组地层组成，沿裂隙发育为重晶石脉。背斜核部向北北东向延伸到汤河北岸，则出露毛庄组紫红色页岩和粉砂岩，逐渐倾没。在柳观峪以东，背斜两翼由馒头组、毛庄组和徐庄组、张夏组地层组成；西翼被一NE45°方向的顺扭断层切割，地层产状改变为NEE80°∠28°，E90°∠23°。

张赵庄—伍庄背斜：分布在张赵庄以北，伍庄、花场峪一带，呈近南北向延伸，出露长度达45km，宽度0.5km左右。在张赵庄南，背斜核部由徐庄组地层组成，向南倾伏。两翼为张夏组鲕状灰岩和凤山组泥质条带灰岩。

柳江向斜：北起成子峪，南到石龙山、南岭子一线，长达40km，东起娃娃峪西沟、张崖子，西到王庄、山羊寨一线，宽约8km，约占石门寨地区面积的2/3。向斜核部，被中生代地层呈角度不整合覆盖，但据钻孔资料，核部地区主要为二叠系地层和中上石炭统地层。两翼由上寒武统、下奥陶统、中上石炭统和二叠系组成，但由于受近南北向逆断层影响，地层产状发生直立倒转，有的地层组段缺失。东翼由元古界青白口群下马岭组、景儿峪组、寒武系、下奥陶统、中上石炭统、二叠系地层组成。两翼地层产状特点如下：西翼地层走向主要为北北东，地层倾角一般在40°～50°区间，个别地段倾角陡立，大于80°。而东翼地层走向近南北，地层倾角一般在10°～25°区间，局部达30°左右。西翼地层受南北向逆断层影响，直立倒转，地层缺失。而东翼地层发育完善，为一套向西倾斜的地层。由于倾角较小，因此东翼分布面积广而开阔。此外，在向斜东翼可见许多脉岩，呈岩床或岩墙。岩床与地层产状基本一致，而岩墙切割地层，多为北西方向延展。

2. 断层构造

石门寨地区的断层构造，不论从断层的性质和活动方式，还是从断层的规模大小、组合特征、形成与活动时期，西部与中东部地区都有很大差异（图9.3、图9.4）。西部地区除了发育有柳观峪—秋子峪和张赵庄—伍庄背斜外，尚且发育有走向南北逆断层带和NW315°、NE45°两组平推断层。

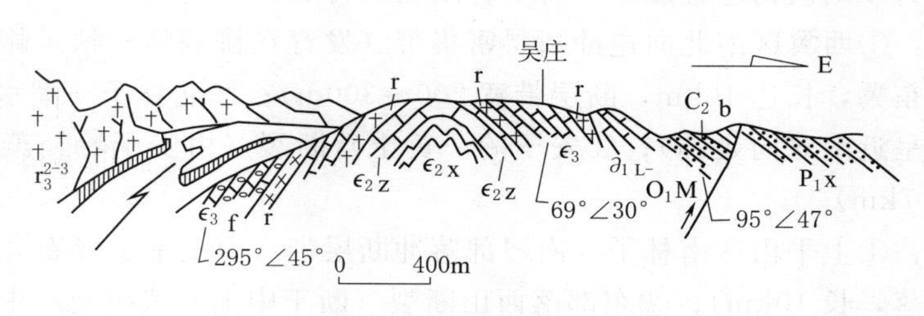

图9.3 吴庄背斜构造剖面图

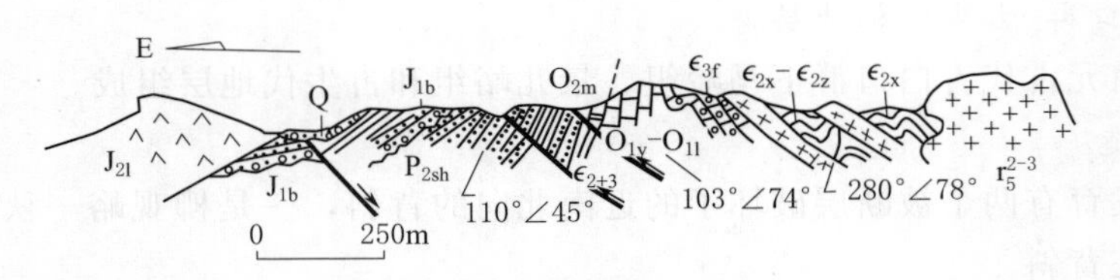

图 9.4 吴庄南地质构造剖面图

中部—东部地区，在柳江向斜中发育有四组不同方向、不同性质的断裂构造。东西向断层有东刁部落—南林子—上平山逆断层、石嘴子—沙河寨—大峪口东西向正断层。南北向断层属于走向断层，其中延伸较远、规模较大的有两条，一条是黄土营—安子岭正断层，另外一条是北林子—潮水峪逆断层。在付水寨公路西侧采石场，发育在中、上石岩统碎屑岩中的一系列南北向正断层，组成了小型地垒构造。北西向断层比较发育，其中规模较大、延伸较远的有大刘庄—娃娃峪西沟正断层、罗峪—陈家沟正断层、白云山—温庄北正断层、半壁店北—潮水峪正断层、黄土营—张崖子北正断层和夏家峪断层等。

9.2.5.2 中生代构造层

该构造层由黑山窑组和北票组、蓝旗组地层组成，发育有大洼山—老君顶不对称向斜与拿子峪向斜。

1. 褶皱构造

大洼山—老君顶不对称向斜：该向斜南从大洼山，北到老君顶，全长达 11km，东从瓦家山，西到山羊寨约 3km。核部为蓝旗组火山岩系，地形陡峻，两翼为北票组砂砾岩层。核部蓝旗组火山系倾角平缓，在 10°～20°之间，西翼北票组地层倾角在 60°～70°之间，在北杨庄一带地层直立或倒转。东翼北票组地层倾角平缓。在小五山以西产状为 275°∠23°，半壁店为 297°∠20°，上庄坨为 310°∠28°。

拿子峪向斜：该向斜分布在拿子峪、板厂峪一线，呈北东向延伸，长为 2km，宽为 1km。核部为蓝旗组火山岩系，以角度不整合覆盖于北票组之上。两翼为北票组砂砾岩层，北西翼岩层产状为 100°∠25°，南东翼岩层产状为 346°∠44°、15°∠21°、10°∠32°，为不对称向斜。

2. 断裂构造

本区断裂构造有南北向、东西向、北西向、北东向和北北东向，但以南北向断裂最为醒目。其次是东西向，在断裂的活动强度上和规模上，均表现为西强东弱，在断裂面的力学性质上则表现为多期次构造叠加，具有复合断裂的特点。

南北向断裂：①西翼区南北向逆冲断层密集带（发育在柳观峪—秋子峪背斜东翼、张赵庄—吴庄背斜东翼，长达 10km，断层带宽 200～300m）；②北林子—潮水峪断裂（在浅水营至北林子段呈近南北向延伸）；③安子岭—黄土营断裂（由安子岭经英武山向北延伸至黄土膏，长达 7km）。

东西向断裂：①上平山—南林子—南刁部落冲断层带（由上平山经石龙山向东延伸至南林子、南刁部落，长 10km）；②东部落西山断裂（断于中上寒武统地层中，将东部落西山南北向向斜错断，宽约 800m）。

北西向断裂：本区北西向断裂力学性质比较复杂，大致有二组。一组为西向主压性断裂，仅在潮水峪溪谷中见有闪长玢岩脉沿北西向主压性断裂充填。鸡冠山西侧有一北西向压性断层，走向321°倾向北东，倾角45°；断层面呈舒缓波状，旁侧有牵引褶皱，断面上有竖直擦痕等压性断层特征。

9.2.6 秦皇岛市水文地质条件

地下水是秦皇岛市的重要水源，多储存于第四纪松散地层及基岩裂隙中，主要类型为孔隙潜水和岩溶裂隙水。按地形地貌及水文地质条件，主要分为两大水文地质区，即基岩裂隙水岩溶水区和第四纪松散岩类孔隙水区。

9.2.6.1 基岩裂隙水岩溶水区

1. 基岩裂隙水区

主要分布在青龙、卢龙、抚宁、昌黎四县及市区北部山区，可划为两个小区。

(1) 片麻岩裂隙水区：含风化裂隙潜水，厚度达10～20m，水量不大，一般可满足饮用水，也可用于部分灌溉。

(2) 花岗岩、安山岩裂隙水区：裂隙不发育，富水条件差，属严重缺水区域，只在地形或构造个别部位有少量地下水。

2. 岩溶裂隙水区

碳酸盐岩岩溶裂隙水区：分布在柳江盆地一带，以寒武奥陶系灰岩为主岩溶裂隙较发育，单井出水量在150～350m^3/h之间。

9.2.6.2 第四纪松散岩类孔隙水区

主要分布南部平原区，按地理位置与物质来源，可分为5个小区。

(1) 石河冲洪积平原孔隙水区：分布在山海关区，主要含水层为砂砾卵石层，厚度8～11m，透水性很强，地下水埋深1～2m，单井涌水量60～100m^3/h，主要靠大气降水与石河径流渗漏补给。

(2) 汤河冲洪积平原孔隙水区：分布在海港区，含水层岩性为粗中砂及卵砾石，单井涌水量一般40～60m^3/h。

(3) 戴河、洋河冲洪积平原孔隙水区：分布在抚宁县以南留守营、刺园一带，含水层岩性为中粗砂夹少量卵砾石，厚度20～40m，单井涌水量为40～60m^3/h。

(4) 饮马河冲洪积平原孔隙水区：分布在卢龙县四百户以南到昌黎县晒甲坨、赤洋口一带，在100m深度内，有中粗砂含水层3～4层，总厚度15～20m，地下水埋深1.5～6.0m间，单井涌水量达40～60m^3/h。

(5) 滦河冲积扇孔隙水区：分布在昌黎县，北起安山，南到滦河口，东至渤海海湾，可划分为顶部、中部及前缘3个水文地质地段，含水层厚度由顶部向前缘递增，含水层岩性由粗粒变细粒，单井涌水量由50～100m^3/h，在前缘有单井涌水量为20～60m^3/h的咸水。

9.2.7 石门寨地区水文地质条件

根据本区地质和水文地质条件，可划分为五个水文地质分区，即松散岩层水文地质区（Ⅰ）、碎屑岩类水文地质区（Ⅱ）、碳酸盐岩类水文地质区（Ⅲ）、火成岩类水文地质区（Ⅳ）和变质岩类水文地质区（Ⅴ），见表9.2、图9.5和图9.6。

表 9.2　水文地质分区简表

分　区	代号	地下水类型	主　要　特　征
松散岩层水文地质区	Ⅰ	孔隙潜水	富水性较好,特别是与灰岩复合区富水性良好,可作为本区主要供水水源
碎屑岩类水文地质区	Ⅱ	孔隙裂隙水	富水性差,构成严重缺水区
岩溶裂隙水区	Ⅲ	岩溶裂隙水	富水性较好,但极不均匀,可作为供水水源
火成岩类水文地质区	Ⅳ	构造裂隙水	一般无良好含水层,为贫水区。但构造部位往往成为相对富水地带
变质岩类水文地质区	Ⅴ	风化裂隙水	富水性较均匀,但水量不丰富,基本可满足居民饮用水需要

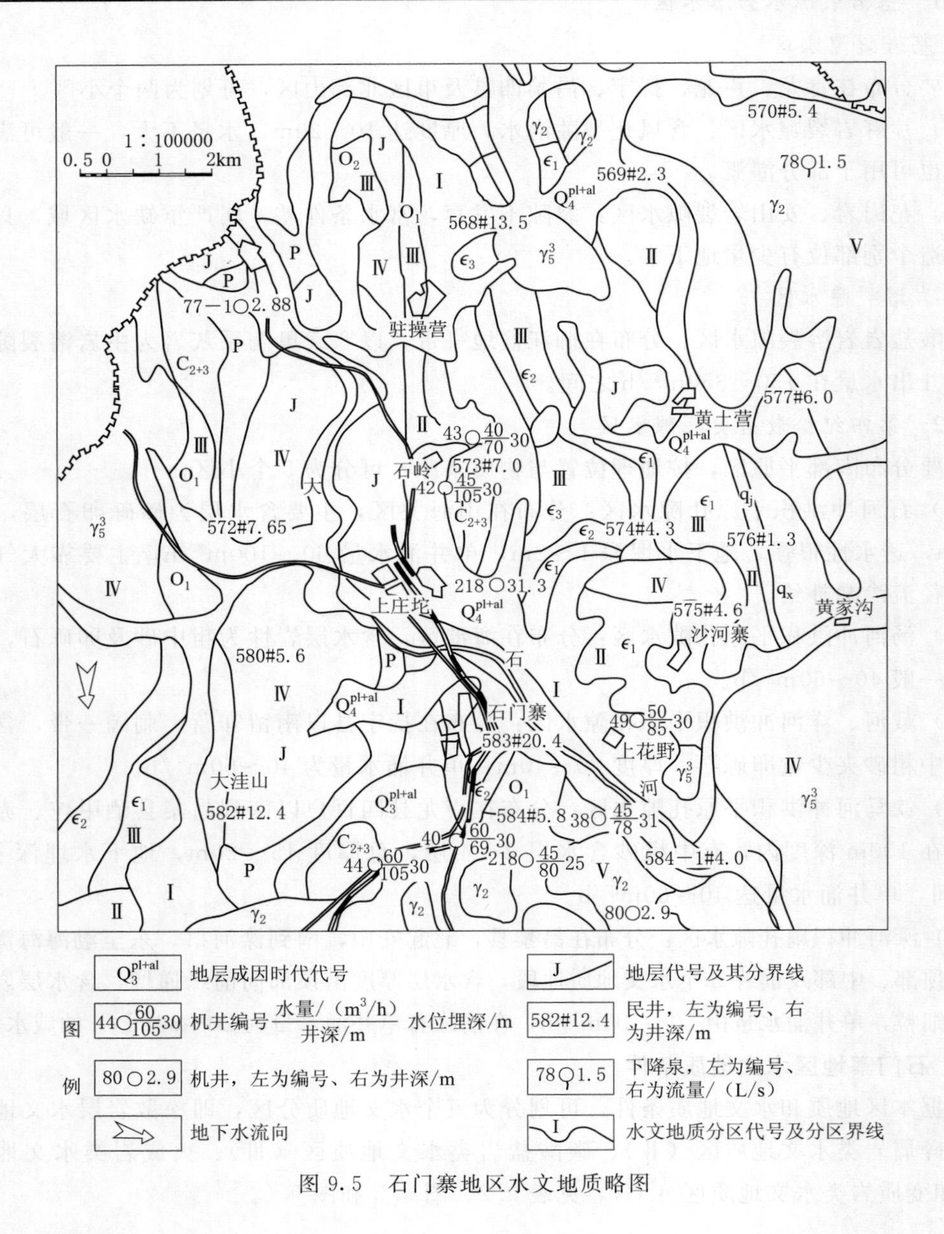

图 9.5　石门寨地区水文地质略图

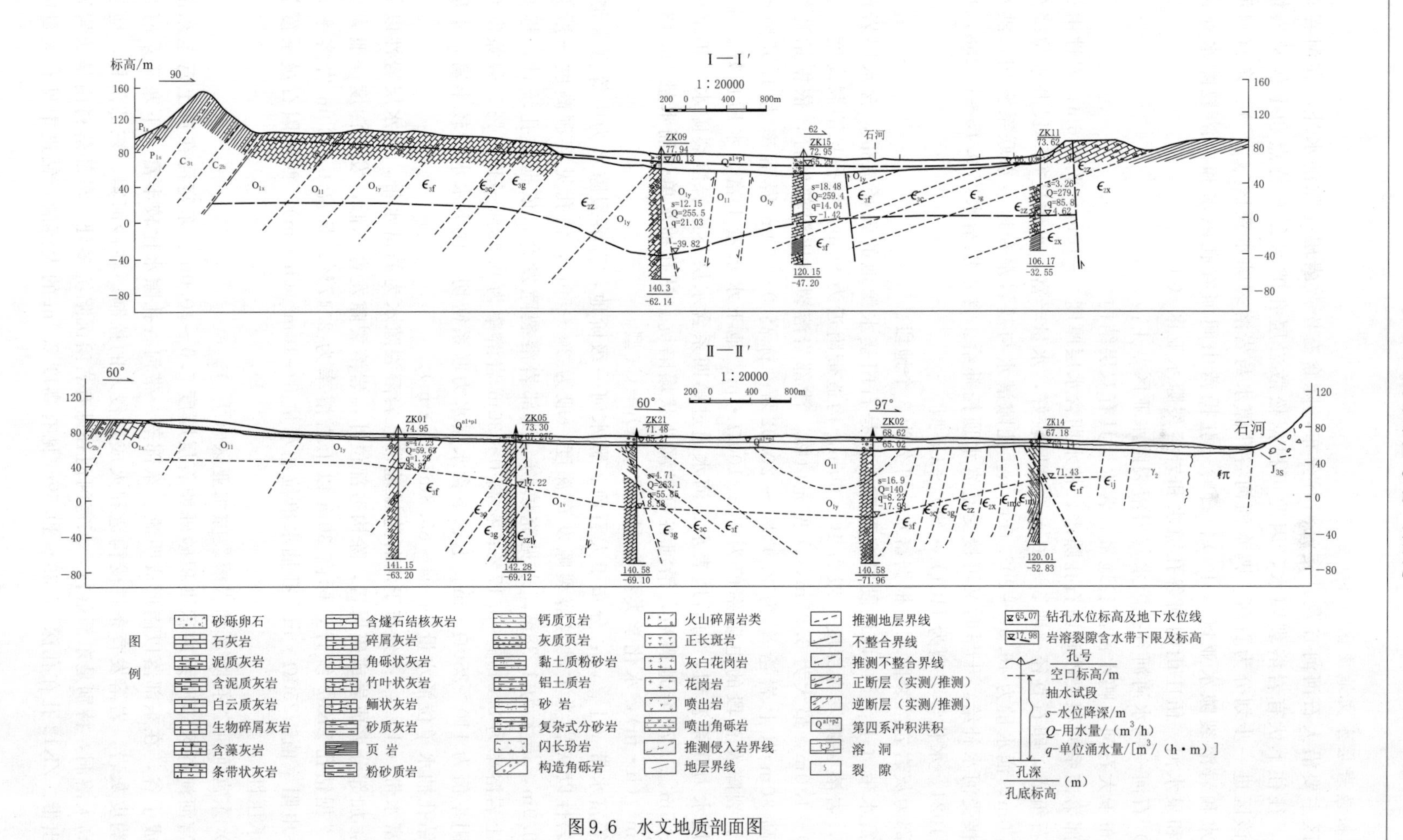
I—I′
1∶20000
II—II′
1∶20000
标高/m
石河
图例
砂砾卵石
石灰岩
泥质灰岩
含泥质灰岩
白云质灰岩
生物碎屑灰岩
含藻灰岩
条带状灰岩
含燧石结核灰岩
碎屑灰岩
角砾状灰岩
竹叶状灰岩
鲕状灰岩
砂质灰岩
页 岩
粉砂质岩
钙质页岩
灰质页岩
黏土质粉砂岩
铝土质岩
砂 岩
复杂式分砂岩
闪长玢岩
构造角砾岩
火山碎屑岩类
正长斑岩
灰白花岗岩
花岗岩
喷出岩
喷出角砾岩
推测侵入岩界线
地层界线
推测地层界线
不整合界线
推测不整合界线
正断层（实测/推测）
逆断层（实测/推测）
第四系冲积洪积
溶 洞
裂 隙
钻孔水位标高及地下水位线
岩溶裂隙含水带下限及标高
孔号
空口标高/m
抽水试段
s-水位降深/m
Q-用水量/（m³/h）
q-单位涌水量/[m³/（h·m）]
孔深（m）
孔底标高

图9.6 水文地质剖面图

1. 松散岩层水文地质区（Ⅰ）

该区主要沿大石河河谷及其支流河谷分布，除含有松散岩层孔隙潜水外，在河谷宽缓部位，往往下伏有岩溶裂隙水，因此可根据松散岩层孔隙水分布特点和下伏基岩情况，将该区进一步划分为石河—鸭水河河谷孔隙水与岩溶裂隙水亚区（$Ⅰ_1$）、东宫河河谷孔隙水和岩溶裂隙水亚区（$Ⅰ_2$）、石岭—驻操营山间河谷孔隙水和岩溶裂隙水亚区（$Ⅰ_3$）和泉水河—伍庄山间河谷孔隙水和岩溶裂隙水亚区（$Ⅰ_4$）。

(1) 石河—鸭水河河谷孔隙水与岩溶裂隙水亚区（$Ⅰ_1$）。

分布于大石河、鸭水河河谷地带，含水层具有双层结构。

上部第四系冲积层砂砾卵石孔隙水，枯水期含水层厚度2～10m，平均6m；岩性由粗砂卵砾石组成，卵石直径一般5～20cm，磨圆较好，水量丰富，水质良好。民井水位降深0.5～1.0m，涌水量为46.57～202.1m^3/h。孔隙潜水与基岩水和地表水联系密切，洪水时潜水接受河水补给，干旱时又可接受基岩水顶托补给。含水层给水度0.15～0.268，平均为0.1924。水化学类型为$HCO_3 \cdot SO_4-Ca$型。

下部为灰岩岩溶裂隙水，根据富水性可分为3个地段。

强富水带（$Ⅰ_{1-1}$）：该地段岩溶裂隙水，是石门寨水源地的强径流带，含水层岩性为灰岩，岩溶裂隙发育深度一般为40～60m，构造带附近为80m，钻孔见溶洞高度一般为0.20～1.0m，最大为3.95m，未见充填物。浅部岩溶裂隙比深部发育，依据钻孔统计，标高30m以上岩溶率为2.94%～20.02%；标高0～30m岩溶率为1.55%～9.02%。裂隙发育段的电阻率值为70～100Ω·m。地下水水量丰富，水质良好。上、下含水层水力联系密切，雨后地表水、河水通过第四系含水层补给岩溶裂隙水。年水位变幅2～5m。1976年地震后，沿河谷可见漏斗状塌陷坑。钻孔抽水单位涌水量16.43～254.53m^3/(h·m)，水化学类型为$HCO_3 \cdot SO_4-Ca$型。

中等富水带（$Ⅰ_{1-2}$）：分布于大石河、鸭水河一级阶地，岩溶裂隙水为中等富水带，含水层岩性以灰岩为主，岩溶裂隙发育深度一般为30～50m，钻孔见溶洞高度一般为0.20～0.9m，最大为1.38m，未见充填物。浅部岩溶裂隙发育，依据钻孔统计，标高30m以上岩溶率为2.34%～5.17%；标高0～30m岩溶率为0.23%～10.1%。裂隙发育段的电阻率值为110～250Ω·m。上、下含水层水力联系密切。地下水水量较丰富，水质较好。钻孔抽水单位涌水量14.04～85.8m^3/(h·m)。

弱富水带（$Ⅰ_{1-3}$）：分布于沟谷边缘地带，岩溶裂隙水为弱富水带，含水层岩性以灰岩为主，加部分火成岩或碎屑岩，除构造部位外，岩溶裂隙发育率低，发育深度一般为小于40m。据钻孔ZK02统计，标高30m以上岩溶率为2.47%；标高0～30m岩溶率为0.6%，电阻率值>250Ω·m。孔抽水单位涌水量8～10m^3/(h·m)。西侧因石炭系覆盖而具有承压性。

(2) 东宫河河谷孔隙水和岩溶裂隙水亚区（$Ⅰ_2$）。

东宫河河谷区第四系冲积洪积砂砾卵石层厚度5.0～10.0m。东宫河在黄土营至东部落西形成干谷，在东部落以南形成明流。东部落一带河谷孔隙水比较丰富。下寒武系府君山组的豹皮灰岩，岩溶发育条件受构造和火成岩侵入的控制。在沙河寨、东部落村，地表都见有高大溶洞，特别是东部落村，东宫河河谷见有岩溶沉陷坑多处。东部落村南是灰岩岩溶水溢出带。ZK12孔在孔深37.39～39.59m见有高度2.2m的大溶洞，钻进中见有大量卵砾石从洞中流到钻孔中，说明溶洞与远距离的河道相联通。此孔简易抽水，降深3.69m，水量为140.19m^3/h，单位涌水量37.99m^3/(h·m)。另外村南出露季节性大泉1处。

(3) 石岭—驻操营山间河谷孔隙水和岩溶裂隙水亚区（$Ⅰ_3$）

第四系孔隙水分布在孟庄至马家峪之间的开阔河谷地带，松散沉积物厚度一般为5～8m，岩性为砂砾卵石。沿河一级阶地地下水比较丰富，大口井可以满足3～4吋（7.62～10.16cm）泵抽水。

石岭一带的奥陶系灰岩岩溶不发育，ZK24孔孔深200.0m，静止水位9.10m，提桶抽水，降深1.03m，水量仅为0.723m^3/h。石岭一带为南北方向的灰岩岩溶裂隙水的分水岭。以驻操营为中心的开阔河谷区灰岩岩溶比较发育，地表见有大型溶洞和塌陷坑，孟庄一带由于构造和碎屑岩阻挡地下水形成明流，显示出溢出带的特征。

(4) 泉水河—伍庄山间河谷孔隙水和岩溶裂隙水亚区（$Ⅰ_4$）

第四系孔隙水分布在泉水河和北部的小溪流两侧，松散沉积物厚度4～10m，岩性为砂砾卵石。沿河谷两岸可以打大口井，满足生活饮用和小片农田灌溉。

西部花岗岩侵入接触带，沿构造带灰岩岩溶比较发育。伍庄ZK20孔静止水位5.55m，降深11.60m，单位涌水量5.14m^3/(h·m)。秋子峪ZK26孔岩芯完整，水量极其贫乏，证明秋子峪一带为地表水和地下水的分水岭位置。

2. 碎屑岩类水文地质区（Ⅱ）

该区主要分布于不同时代的碎屑岩类分布地区。地层主要为石炭、二叠和三叠系，主要岩性为砂岩、页岩夹煤层及黏土矿层，侏罗系下部为一整套陆相沉积的砾岩、粗砂岩、西砂岩、页岩夹煤层，含水微弱，属于贫水区。黏土矿勘探钻孔抽水试验，单位涌水量0.0054～0.0468m^3/(h·m)。但煤矿采空区面积较大，有利于降水入渗补给地下水。据调查，柳江煤矿六个煤矿总排水量洪水期为2.7万～2.9万m^3/d，枯水期为1.5万～1.7万m^3/d。由于矿坑排水疏干，使该地区严重缺水，解决居民和矿山用水只有打深井取奥陶系岩溶裂隙水。

元古界下马岭组、景儿峪组石英岩夹页岩、泥质页岩、灰岩薄层，寒武系馒头组、毛庄组、徐庄组页岩、薄层灰岩含水微弱，属于相对隔水层。

3. 岩溶裂隙水区（Ⅲ）

此区分布于石河及其支流河谷外缘地区，包括碳酸盐岩层出露部分和被石炭、二叠系碎屑岩掩埋部分。地表岩溶较发育，形成高大的溶洞，如亮甲山下的狼洞高2.0m，延伸至今尚未查清。ZK04孔的两侧及上庄坨西庄石河岸边的大溶洞高度都超过2.0m。大溶洞的形成都与构造和火山岩侵入有关。碳酸盐岩类岩溶裂隙发育方向与主构造线相同，以北西和北东向为主，大气降水沿岩溶裂隙补给深部地层和河谷第四系地层中的地下水。此区含水比较丰富，埋藏在碎屑岩之下的碳酸盐岩岩溶裂隙比较发育，局部形成承压水。供水勘察资料表明，在构造发育的岩溶区，水量丰富，单井单位涌水量4.05～42.98m^3/(h·m)；但在无构造发育的碳酸盐岩区打井，有时无水而成为干井，说明岩溶发育极不均匀。水质较好，矿化度一般小于0.5g/L。

4. 火成岩类水文地质区（Ⅳ）

该区分布于燕山期花岗岩（γ_5^3）区，分布面积大，岩石致密坚硬，抗风化能力强，风化裂隙不发育，在个别地段的构造裂隙发育带有泉水泄出，泉水流量不均，一般都小于1L/s；在花岗岩侵入带附近的破碎带，泉流量可达15L/s以上，如温泉堡汤河岸边的温泉，流量可达5 000～10 000m^3/d。该温泉受深循环地热影响较大，水中含有放射性元素，有一定医疗意义。侏罗系上部安山岩类分布于柳江向斜的核心部位，地形成高平台，岩性为中性喷出岩、安山岩类，致密坚硬，抗风化能力很强，地表没有泉水出露，为非含水层，属于严重缺水区。

5. 变质岩类水文地质区（Ⅴ）

该区分布于变质花岗岩（γ_2）区，弱风化裂隙水，风化深度5～20m，泉水流量为0.1～3.0L/s，个别地段构造发育，深部赋存构造裂隙水（脉状水），大口井可满足饮用水需要。水质较好，矿化度一般小于0.50g/L。该区一般属于缺水不严重区。

9.3　吉林大学朝阳校区抽水试验场地概况

9.3.1　地理位置及交通

长春属于东三省吉林省的省会，地处我国松辽平原东部，是东部低山丘陵向西部台地平原的过渡地带。四周邻着松原市、四平市、吉林市。地理坐标为E：125°11′～125°27′，N：43°45′～44°00′，面积603km^2。

吉林大学朝阳校区气象与地下水长期观测试验场建于2010年，吉林大学水利工程与地下水实验教学中心在朝阳校区地质宫北西侧、水工楼东侧的空地上建成了气象与地下水长期观测试验场（图9.7）。该试验场占地1 400m^2，设有抽水井2眼，井径300mm，井深30m；观测井6眼，井径200mm，井深16m；自动气象观测站1处，可观测记录气温、降水量、蒸发量、风向、风速、湿度等气象要素；土壤湿度监测系统3处，可观测不同深度土层的含水量。常年对本科生、研究生开放进行观测试验。2012年开始，利用该试验场承担了多项大学生创新实验项目和吉林大学水文与水文地质技能竞赛。自2013年开始本科生三年级专业实习中的抽水试验均在本试验场进行。

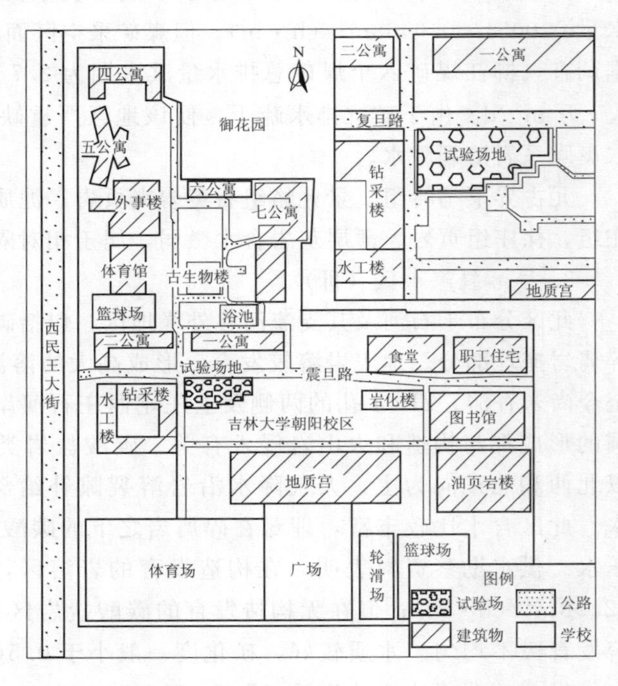

图9.7　朝阳校区试验场交通位置示意图

9.3.2　气候气象

长春市地处北半球中纬度地带，属温带大陆性半湿润季风气候。全市多年平均气温为4.8℃，最高气温为

39.5℃，最低气温为－39.8℃。多年平均降水量为584.8mm，降水主要集中在6～8月，约占全年降水量的78%。

9.3.3　地质概况

9.3.3.1　地层岩性

长春市地处松辽平原东侧，其东南部为低山丘陵区，西北部主要为台地和平原区，地势东南高西北低，整体地势相差不大，约200m左右。区内地貌类型按成因可分为三大类：低山丘陵、台地平原和河谷平原。

长春市内出露的地层详述如下。

1. 白垩系（K）

区内主要分布有白垩系下统（K_1），为内陆湖相沉积碎屑岩地层，总厚度为1575m，分别为泉头组、青山口组、姚家组和嫩江组。岩性主要以泥岩、砂岩、砾岩为主。

1）泉头组（K_{1q}）。岩性主要为砂岩、细砂岩、泥岩，总厚度930m，广泛分布在长春市的东部。

2）青山口组（K_{1q}^{n}）。本层钙质含量较高，局部有泥岩，发育裂隙，易形成裂隙富水带。该层厚度可达240m，在贾家洼子—八里铺一带较为常见。

3）姚家组（K_{1y}）。该层岩性颗粒较细，泥岩居多且厚度大，约为300m。在一间堡—大屯一带广泛分布，靠山屯、孟家屯等地零星出露。

4）嫩江组（K_{1n}）。本组的岩性颗粒细，大部分为泥岩、泥质粉砂岩、粉砂质泥岩。裂隙较发育。底部有10m左右厚度的含砾钙质砂岩。

2. 第四系

1）下更新统-白土山组（Q_{1b}）：分布在人民大街以东的波状台地上，其岩性为砂砾石、含泥质砂砾石、砾石。分选较差，地层厚度不稳定，约10～34m。上覆黄土状土，砂砾石夹黏土的河流冲积物、洪积物。

2）全新统（Q_4）：该组冲积层分布于伊通河、新开河河谷，组成河漫滩与一级阶地。岩性以亚黏土、砂砾石、砾卵石为主。

9.3.3.2　大地构造

长春市地处欧亚大陆板块以东的边缘区域，位于环太平洋构造活动带。受西太平洋板块与欧亚大陆板块碰撞作用的影响，新生代以来形成了以松辽盆地为主体的大陆裂谷系，其周边主要分布的大型断裂带有伊通—依兰断裂带和敦化—密山断裂带。研究区位于张广才岭隆起与松辽坳陷盆地交界的一侧，受到新生代剧烈活动的松辽平原东缘断裂带、伊通-依兰断裂带和伊通河断裂带的影响，差异升降运动显著。长春市位于天山—兴安地槽褶皱区，吉黑褶皱系的松辽中断陷和吉林地槽褶皱带上。研究区有一条主要的构造断裂带即长春—四平断裂带横穿而过，其西边是属于新华夏系构造的第二沉降带的松辽沉降区，东边是属于新华夏系构造的第二隆起带中的锡霍特—张广才岭隆起区。

9.3.4　水文地质条件

9.3.4.1　长春市水文地质条件

长春市地下水类型主要有以下三种。

1. 松散岩类孔隙水

主要分布在伊通河阶地区、波状和丘陵状台地上。含水层厚度为2～5m，在伊通河阶区含水介质为粗砂砾石，水量丰富，单井涌水量为1000～2000m^3/d。宋家洼子-工农广场一带也有分布，含水层埋深在4～8m之间。水量300～500m^3/d为中等丰富。水化学特征为重碳酸钠（或钠钙）型水，矿化度小于0.5g/L。

2. 碎屑岩类型孔隙裂隙水

碎屑岩类孔隙裂隙承压水主要分布在白垩系的砂岩中，被第四系松散层覆盖。顶板埋深20～50m。地下水补给来源为上部孔隙潜水的垂向渗入补给和邻区的地下水侧向径流补给，水质较好，水量随空间变化较大，水位埋深3～5m。

3. 构造裂隙水

构造裂隙水主要分布在兴隆沟-贾家洼子地区，水量丰富，单井涌水量1000～2500m^3/d。在伊通河谷区水位埋深一般2～3m；在台地区，由于开采，水位埋深较大，局部地段水位埋深达30～40m。水量丰富，单井涌水量1000～2500m^3/d。

9.3.4.2 试验场水文地质条件

该抽水试验场位于吉林大学朝阳校区院内，试验场地下水类型为台地冲洪积黄土状亚黏土孔隙水，试验场地形较为平坦，地貌属于冲积洪积平原的波状台地，地表岩性主要为全新统人工堆积黄土地层，其下伏主要为中更新统冲积洪积粉质黏土。黄土地层的多层性、非均质性，决定了黄土含水层中赋水的不均匀性；其结构上的各向异性，制约着其渗透性能上的各向异性；黄土层的颗粒级配，导致了黄土含水层的水资源不可能很丰富。通常认为，黄土层是一种裂隙、孔洞-孔隙双重介质，其裂隙、孔洞以导水为主，孔隙以储水为主。

附表

附表 1　　主要矿物野外鉴定一览表

附表 1.1　　常见矿物野外鉴定【硬度<2.5（指甲）的矿物】

矿物名称	化学成分	颜色	形态		硬度	光泽	条痕	解理	断口	比重	透明度	其他
			单体	集合体								
滑石		白淡绿浅黄	板状	片状块状	1	玻璃油脂	白淡绿	完全		2.7	半透明	可见于片岩灰岩白云岩中
高岭石		白色	片状	片状土状	1	珍珠土状	白色	极完全		2.6		由长石风化变成
辉钼矿	MoS_2	铅灰色	板状	片状块状	1	金属	灰色	极完全		4.7	不透明	产于酸性岩浆热液矿床
硫黄	S	稻黄色	板状	片状土状	1～2	玻璃油脂	白-黄	不完全		2.1	半透明	产于沉积、火山、热液矿床
铝土矿		灰白褐黄砖红		豆状鲕状	1～3	土状	同颜色	无	贝壳	2.5		产于沉积矿床
褐铁矿		褐-黑色		块状土状	1～4	土状	褐黄	无	贝壳	3～4	不透明	次生风化矿物
雄黄	AsS	橘红	柱状	块状粒状	1～2	油脂金刚	橘红	中等	贝壳	3～4	半透明	产于火山、热液矿床
石膏	$CaSO_4$	白灰黄红黑	板状	粒、纤维状	2	玻璃珍珠	白色	完全		2.3		产于沉积矿床、金属矿氧化带
石盐		白灰黄蓝	立方	块状粒状	2	玻璃	白色	完全		2	透明	产于沉积、火山矿床
辰砂	HgS	红色	板状	块状粒状	2.5	金刚	红色	完全		8	半透明	产于火山、热液矿床
辉锑矿	Sb_2S_3	铅灰色	针状	粒状晶簇	2.5	金属	铅灰色	完全		4.5	不透明	产于低温热液矿床
辉铋矿	Bi_2S_3	锡白、铅灰	柱状	粒、放射状	2.5	强金属	灰色	中等		6.5	不透明	产于热液矿床
绿泥石		暗绿、草绿	片状	片状块状	2.5	玻璃珍珠	白、绿	极完全		2.8		手摸有滑感，次生矿物
蛇纹石		暗绿、淡绿		块状	2.5	玻璃油脂		中等	贝壳	2.6		有滑感，超基性岩蚀变矿物
黑云母		黑、褐、棕	板状	片状粒状	2.5	玻璃珍珠	白、绿	极完全		3	透明	有弹性，造岩矿物
白云母		白浅灰淡绿	板状	片状粒状	2.5	玻璃珍珠	白	极完全		3	透明	有弹性，造岩矿物
辉铜矿	Cu_2S	铅灰	板状	粒状块状	2.5	金属	铅灰	不完全	贝壳	5.6	不透明	低温热液矿物，有原生和次生
方铅矿	PbS	铅灰	立方	粒状块状	2.5	金属	灰黑	完全		7.5	不透明	产于热液矿床
硅孔雀石		天青浅蓝绿	胶状	块葡萄状	3	玻璃蜡状	淡绿白	无	贝壳	2.2		产于铜矿床氧化带中
石棉		白浅黄淡绿	针状	纤维状	3	丝绢	白黄绿	中等		2.6	不透明	分角闪石石棉和蛇纹石石棉
自然银	Ag	银白		丝片块状	2.5	金属	银白	无	锯齿	11	不透明	延展性大，产于金属矿床

附表 1.2　常见矿物野外鉴定【2.5（指甲）＜硬度＜5.5（小刀）的矿物】

矿物名称	化学成分	颜色	形态		硬度	光泽	条痕	解理	断口	比重	透明度	其他
			单体	集合体								
自然铜	Cu	铜红		树枝粒片	2.5～3	金属	铜红	无	锯齿	8.7	不透明	有延展性，还原条件
方解石	$CaCO_3$	白色	菱面体	块状粒状	3	玻璃	白色	完全		2.7	透明	滴稀盐酸起泡
斑铜矿	Cu_2FeS_4	铜红		块状粒状	3	半金属	黑色	无	参差	5	不透明	有蓝色斑点
重晶石	$BaSO_4$	白灰红	板状	块状粒状	3～3.5	玻璃	白色	中等		4.5	半透明	产于低温沉积矿床
黄铜矿	$CuFeS_2$	铜黄		块状粒状	3～4	强金属	绿黑色	不完全		4.2	不透明	产于热液矿床
闪锌矿	ZnS		四面体	块状粒状	3～4	金刚	棕黄	完全		3.6	半透明	产于热液矿床
白云石	$CaMg(CO_3)_2$	白淡黄	菱面体	块状粒状	3.5～4	玻璃	白色	完全		2.8	半透明	
孔雀石	$Cu_2(CO_3)_2(OH)_2$	绿色	柱状	放射状	3.5～4	金刚	淡绿	中等	参差	4		产于铜矿床氧化带
蓝铜矿	$Cu_3(CO_3)_2(OH)_2$	深蓝	短柱状	放射状	3.5～4	玻璃	浅蓝	不完全	贝壳	3.8		常与孔雀石伴生
菱铁矿	$FeCO_3$	白褐黄	菱面体	块状粒状	4	玻璃	白色	完全		3.9		
萤石	CaF_2	黄绿紫	立方体	块状粒状	4	玻璃	白色	完全		3.2	透明	产于热液、沉积矿床
蓝晶石		蓝绿	柱状			玻璃	白色	完全		3.6	半透明	多见于变质岩中
白钨矿	$CaWO_4$	白灰黄	双锥状	块状粒状	4.5	金刚	白色	不完全	参差	6	半透明	多见于热液、变质矿床
硅灰石		白灰红	板状	放射状	4.5～5	玻璃	白色	完全		2.6	半透明	多见于矽卡岩带
黑钨矿	$(MnFe)WO_4$	褐、黑	板柱状	块状粒状	5	半金属	褐、黑	完全		7	不透明	产于岩浆热液矿床
磷灰石		白褐黄	粒状	粒状	5	玻璃	白色	不完全	参差	3.2		多见于伟晶岩
蛋白石		白褐黄		块状粒状	5	玻璃	白色	无	贝壳	2	半透明	多见于放射性矿床
辉石		黑	短柱状	粒状	5～6	玻璃	白色	中等		3.5	半透明	
铬铁矿	$FeCr_2O_3$	棕黑	八面体	块状	5.5	半金属	褐	无	参差	4.5	不透明	产于超基性岩、蛇纹岩
霞石		白灰	柱状	粒状	5～6	玻璃	白色	不完全	贝壳	2.6	透明	产于碱性岩不与石英共生

附表 1.3　常见矿物野外鉴定【5.5（小刀）＜硬度＜7.0（石英）的矿物】

矿物名称	化学成分	颜色	形态		硬度	光泽	条痕	解理	断口	比重	透明度	其他
			单体	集合体								
角闪石		黑绿褐	柱状		5.5～6	玻璃	浅绿	中等		3.1～3.3	不透明	中-基性造岩矿物
赤铁矿		红黑	片状板状	块状肾状	5.5～6	半金属	樱红	无		5～5.3		
磁铁矿	Fe_3O_4	黑	八面体	粒状块状	5.5～6	半金属	黑	无		4.9～5.2	不透明	强磁性
毒砂	FeAsS	白灰	柱状	粒状块状	5.5～6	金属	灰黑	不完全		5.9～6.2	不透明	锤击有蒜臭味
正长石		肉红	柱状	粒状	6～6.5	玻璃		中等	参差状	2.57	半透明	主要见于酸性岩浆岩

续表

矿物名称	化学成分	颜色	形态		硬度	光泽	条痕	解理	断口	比重	透明度	其他
			单体	集合体								
斜长石		灰白	板状	粒状	6～6.5	玻璃		中等	参差状	2.6～2.8	半透明	主要见于中-酸性岩浆岩
黄铁矿	FeS	浅黄	立方体	粒状	6～6.5	强金属	褐黑	极不完全	参差状	4.9～5.2	不透明	晶面上有条纹
锡石	SnO_2	棕褐	板状	粒状	6～7	金刚	白	不完全	贝壳状	6.8～7		主要见于酸性岩浆矿床
绿帘石		黄绿	柱状	粒状	6.5	玻璃	白	完全		3.4		主要见于接触交代矿床
符山石		灰绿	柱状	放射状	6.5	玻璃油脂		不完全	贝壳状	3.4		主要见于接触交代矿床
橄榄石		绿	短柱状	粒状	6.5～7	玻璃油脂	白	中等	贝壳状	3.3～3.5	透明	基性-超基性造岩矿物
石榴石		绿黑	十二面体	粒状	6.5～7.5	玻璃油脂	白	无	贝壳状	3.1～4.3	半透明	基性-超基性造岩矿物
石英	SiO_2	白	柱状	晶族粒状	7	玻璃		无	贝壳状	2.5～2.8	透明	无色透明者是水晶

附表 1.4　　**常见矿物野外鉴定【硬度>7.0(石英)的矿物】**

矿物名称	化学成分	颜色	形态		硬度	光泽	条痕	解理	断口	比重	透明度	其他
			单体	集合体								
红柱石		灰黄绿、红	柱状	放射状 粒状	7～7.5	玻璃		中等	参差	3.2	半透明	见于接触变质岩
电气石		黑、棕红	三方柱状	放射状 针状	7～7.5	玻璃	白色	无	参差	3～3.3		见于花岗岩伟晶岩云英岩及变质岩
锆石	$ZrSiO_4$	棕、黄、红	短柱状	粒状	7～8	金刚 玻璃		无	贝壳	4.7	半透明	见于花岗岩伟晶岩中
绿柱石		浅绿、白	六方柱状	晶族、棒状	7.5～8	玻璃		不完全	贝壳	2.6～2.9	半透明	见于花岗岩伟晶岩云英岩中
刚玉	AlO_3	浅蓝5灰	柱状板状	粒状	9	玻璃		无		4.1		见于富铝贫硅的岩浆岩及变质岩

附表 2　　**常压下岩石的平均渗透系数值**

岩石名称	渗透系数/(m/d)	透水程度	岩石名称	渗透系数/(m/d)	透水程度
卵石、砾石、粗砂、具溶洞的灰岩	>10	强透水	亚黏土、砂土、黏土质砂岩	0.01～0.001	弱透水
砂、裂隙岩石	10～1	良透水	黏土、致密的结晶盐、泥质岩	<0.001	不透水(隔水)
亚砂土、黄土、泥灰岩、砂岩	1～0.01	半透水			

附表 3

地质点记录卡片

天气____　气温____℃　　　　　　　　　　　　　　　　观测日期________年____月____日

<table>
<tr><td rowspan="2">编号</td><td>野　外</td><td colspan="3"></td><td rowspan="2">图幅名称</td><td>1：10 万图</td><td></td></tr>
<tr><td>室　内</td><td colspan="3"></td><td>1：　　图</td><td></td></tr>
<tr><td rowspan="3">位置</td><td>地理位置</td><td colspan="4"></td><td>地面标高</td><td>m</td></tr>
<tr><td rowspan="2">经纬坐标</td><td>GPS 定位</td><td>经度(E)：</td><td colspan="3"></td><td>纬度(N)：</td></tr>
<tr><td>室内校正</td><td>经度(E)：</td><td colspan="3"></td><td>纬度(N)：</td></tr>
<tr><td>地质情况(包括地层岩性、地质构造)</td><td colspan="7"></td></tr>
<tr><td>沿途观察</td><td colspan="7"></td></tr>
<tr><td>地貌、地质及水文情况</td><td colspan="7"></td></tr>
<tr><td colspan="8">野外剖面图或素描图(比例尺)</td></tr>
<tr><td rowspan="2">备注</td><td colspan="7">照片编号</td></tr>
<tr><td colspan="7">岩(土)样编号</td></tr>
</table>

吉林大学新能源与环境学院　　　　检查者：　　　　　　记录者：

测量：　　　　　　　　　　　　　校核：

附表 4

水文地质环境地质调查点卡片

观测日期________年____月____日　　　　　　　　　　　　　　　　　　　　　天气____　气温____℃

<table>
<tr><td rowspan="2">编号</td><td>野　外</td><td colspan="3"></td><td rowspan="2">图幅名称</td><td>1：　　万图</td><td></td></tr>
<tr><td>室　内</td><td colspan="3"></td><td>1：　　图</td><td></td></tr>
<tr><td rowspan="3">位置</td><td>地理位置</td><td colspan="4"></td><td>地面标高</td><td></td></tr>
<tr><td rowspan="2">坐标</td><td>GPS 定位</td><td colspan="5">X：　　　　　　　　　　　　　经度(E)：</td></tr>
<tr><td></td><td colspan="5">Y：　　　　　　　　　　　　　纬度(N)：</td></tr>
<tr><td colspan="3">泉水出口处标高__________m</td><td colspan="5">地面至井底深度__________m</td></tr>
<tr><td colspan="3">井口至地面高度__________m</td><td colspan="5">地面至水面距离__________m</td></tr>
<tr><td colspan="3">井口直径__________m</td><td colspan="5">井底直径__________m</td></tr>
<tr><td colspan="8">水温__________℃　颜色__________　嗅__________　味__________　透明度__________</td></tr>
<tr><td colspan="3">井壁结构</td><td colspan="5"></td></tr>
<tr><td colspan="3">水位变化情况(年、雨季)</td><td colspan="5"></td></tr>
<tr><td colspan="3">用水时水位变化</td><td colspan="5"></td></tr>
<tr><td colspan="3">开采含水层岩性与埋藏特征</td><td colspan="5"></td></tr>
<tr><td colspan="3">井泉之类型</td><td colspan="2"></td><td>出水量</td><td colspan="2">m³/d</td></tr>
<tr><td colspan="3">井泉使用情况</td><td colspan="5"></td></tr>
<tr><td colspan="2">距井泉附近污染点类型及距离</td><td colspan="6"></td></tr>
<tr><td colspan="2">地貌、地质及水文地质情况简述</td><td colspan="6"></td></tr>
<tr><td colspan="2">污染点及周边环境特征描述</td><td colspan="6"></td></tr>
<tr><td colspan="8">井(泉)平面、剖面图</td></tr>
<tr><td colspan="2">采样情况</td><td colspan="6">样品编号：　　　　　　样品数量：　　　　　　照片编号：</td></tr>
<tr><td colspan="2">备　　注</td><td colspan="6"></td></tr>
</table>

记录者：　　　　　　　　　　　　　　　　检查者：

附表 5　　　　水文地质调查记录卡片

天气____　气温____℃　　　　　　　　　　观测日期____年____月____日

点　　号：　　点位：　县（市）　　乡（镇）　　村　　屯

坐　标 E：　　　　　　N：　　　　　　地面高程：

井口高程/m		井口高度/m		井　深/m	
井　　径/m		成井年代		水位埋深/m	
井壁结构			水位年变幅/m		
出水量/(m^3/d)			水位降深/m		
井水使用情况			用水时水位变化		
水质状况			附近污坑距离/m		
水温/℃		颜色		嗅味	透明度
地貌及水文地质情况					

水井柱状图（比例尺 1：　　）

时代	深度/m	厚度/m	地质柱状图	岩性描述

含水层岩性与层位关系	
地质情况简述	
备注	

吉林大学新能源与环境学院　　　　记录者：　　　　　　　　检查者：

附表 6

地表水调查记录表

位置：　　　市（区，县）　　乡（镇）　村　　　屯　　图幅号　　　水样编号：
点号：　　　　　　　天气：　　　　　　　　　　调查日期：　　　年　　月　　日
坐标 E：　　　　　　　　N：　　　　　　　　地面高程 EL.　　　　m

<table>
<tr><td colspan="2">地表水性质类型</td><td></td><td>名　称</td><td></td><td rowspan="3">所处地形条件</td><td rowspan="3"></td></tr>
<tr><td colspan="2">补给来源</td><td></td><td>排泄消耗</td><td></td></tr>
<tr><td colspan="2">岸边岩性</td><td></td><td>底床岩性</td><td></td></tr>
<tr><td colspan="2">宽　度/m</td><td></td><td>床底坡度</td><td></td><td rowspan="3">所处地貌条件</td><td rowspan="3"></td></tr>
<tr><td colspan="2">水位标高/m</td><td></td><td>水深/m</td><td></td></tr>
<tr><td colspan="2">流　速/m/s</td><td></td><td>面积/m²</td><td></td></tr>
<tr><td colspan="2">流　量/(m³/s)</td><td></td><td>体积/m³</td><td></td><td rowspan="7">平面图和剖面图</td><td rowspan="7"></td></tr>
<tr><td rowspan="3">水位变化</td><td>最高/m</td><td></td><td>堤坝建筑</td><td></td></tr>
<tr><td>最低/m</td><td></td><td>与地下水补给关系</td><td></td></tr>
<tr><td>平均/m</td><td></td><td>水的物理性质</td><td></td></tr>
<tr><td colspan="2">水温/℃</td><td></td><td>水质状况</td><td></td></tr>
<tr><td colspan="2">含沙情况</td><td></td><td>水的用途</td><td></td></tr>
<tr><td colspan="2">附近的自然景观:如盐碱土或植被生长情况</td><td colspan="3"></td></tr>
</table>

吉林大学新能源与环境学院　　　　　　　　　调查人：　　　　　　校核人：

附表 7

钻孔岩芯描述记录表

岩 芯 登 记 表

<table>
<tr><td colspan="4">标段名称：</td><td colspan="4">孔　　号</td></tr>
<tr><td colspan="4">单元工程：</td><td colspan="4">坐标：　　X=　　　Y=　　　Z=</td></tr>
<tr><td colspan="2">开孔时间：</td><td colspan="2">终孔时间：</td><td colspan="2">钻孔直径：</td><td colspan="2">钻机型号：</td></tr>
<tr><td colspan="4">照片</td><td colspan="4">照片</td></tr>
</table>

自	至	岩芯采取率/%	岩芯获得率/%	R.Q.D/%	透水率/Lu	自	至	岩芯采取率/%	岩芯获得率/%	R.Q.D/%	透水率/Lu

附表 8

渗水试验记录卡片

观测日期：　　　年　　月　　日　　　　　　　　　　气温：　　　℃

位置：　　　　　　　　　　　　　　　　　　　　　　渗水环底面积：　　　cm^2

序号	时间		间隔	累计时间	水柱高度	补充水量 L	流量	渗流速度	备注
	时	分	min	min	cm	dm^3	L/s	cm/h	
1									
2									
3									
4									
5									
6									
7									
8									
9									
10									
11									
12									
13									
14									
15									
16									
17									
18									
19									
20									
21									
22									
23									
24									
25									
26									
27									
28									
29									
30									
31									

测量：　　　　　　　　　　记录：　　　　　　　　　　校核：

附表 9　　**河流测流记录表**

水体名称：　　　　水体类型：

断面位置：　　　　河床岩性：

观测日期：　年　月　日　天气：　气温：　℃

序号	点号	桩号	间距	水深	流速 1	流速 2	流速 3	平均流速	过水面积	流量	备注
		km+m	m	m	m/s	m/s	m/s	m/s	m^2	m^3/s	
1											
2											
3											
4											
5											
6											
7											
8											
9											
10											
11											
12											
13											
14											
15											
16											
17											
18											
19											
20											
21											
22											
23											
24											
25											
26											
27											
28											
29											
30											

测量：　　　　记录：　　　　校核：

附表 10　　　　**抽水试验观测记录表**

项目名称：

井孔编号：　　　　位　置：　　　　　　　　静水位：　　　　　　m

深　　度：　　　m　　　　　　　　　　　　地面高程：　　　　　m

序号	时间				间隔	累计	水位	水位	抽水流量		气温	水温	备注
	月	日	时	分	分	分	埋深/m	降深/m	L/s	m^3/h	℃	℃	
					0	0							初始
1													
2													
3													
4													
5													
6													
7													
8													
9													
10													
11													
12													
13													
14													
15													
16													
17													
18													
19													
20													
21													
22													
23													
24													
25													
26													
27													
28													
29													
30													
31													
32													

注：水位埋深自固定点起、算，固定点以井口为宜，其距地面高度为　　　　　　m。

观测：　　　　　　记录：　　　　　　校核：　　　　　　日期：　　年　月　日

附表 11　　**抽水试验水位恢复观测记录表**

井孔编号：　　　　位　置：　　　　静水位：　　　　m

深　　度：　　　　m　　　　地面高程：　　　　m

序号	时间				间隔	累计	水位	水位	剩余	气温	水温	备注
	月	日	时	分	分	分	埋深/m	上升/m	降深/m	℃	℃	
1												初始水位
2												
3												
4												
5												
6												
7												
8												
9												
10												
11												
12												
13												
14												
15												
16												
17												
18												
19												
20												
21												
22												
23												
24												
25												
26												
27												
28												
29												
30												
31												
32												

注：水位埋深自固定点起算，固定点以井口为宜，其距地面高度为　　　　m。

观测：　　　　记录：　　　　校核：　　　　日期：　　　年　　月　　日

附表 12

抽水试验水量记录表

井孔编号：　　　　　　位　置：　　　　　　　　静水位：　　　　　　m

深　　度：　　　　　　m　　　　　　　　　　　地面高程：　　　　　m

序号	时间				时间间隔	累计时间	水表读数	累计出水量	时段出水量	时段流量
	月	日	时	分	min	min	m^3	m^3	m^3	m^3/min
1										
2										
3										
4										
5										
6										
7										
8										
9										
10										
11										
12										
13										
14										
15										
16										
17										
18										
19										
20										
21										
22										
23										
24										
25										
26										
27										
28										
29										

观测：　　　　　　　　　记录：　　　　　　　　　校核：　　　　　　　　日期：　　　年　月　日

附表 13　　**抽水试验堰高记录格式**

堰箱长：　　cm　　宽：　　cm　　高：　　cm

序号	时间				间隔	累计时间	三角堰高	堰箱水位	流量	流量	备注
	月	日	时	分	min	min	cm	cm	L/s	m^3/h	
1					0	0					
2					0.5	0.5					
3					0.5	1					
4					0.5	1.5					
5					0.5	2					
6					0.5	2.5					
7					0.5	3					
8					0.5	3.5					
9					0.5	4					
10					1	5					
11					1	6					
12					1	7					
13					1	8					
14					2	10					
15					2	12					
16					3	15					
17					5	20					
18					5	25					
19					5	30					
20					10	40					
21					10	50					
22					10	60					
23					15	75					
24					15	90					
25					15	105					
26					15	120					
27					30	150					
28					30	180					
29					30	210					
30					30	240					
31					30	270					
32					30	300					
33											
34											
35											
36											
37											
38											
39											
40											

观测：　　　　记录：　　　　校核：

附表 14　　　　**三角堰堰高（*h*）-流量（*Q*）关系**

堰高级别	堰高 *h*	流量 *Q*				备注	
	cm	L/s	L/min	m^3/h	m^3/d	堰高 *h*/cm	系数 *c*
1	1.0	0.0142	0.852	0.051	1.227	<5.0	0.0142
1	1.5	0.0391	2.348	0.141	3.381	5.1～10.0	0.0141
1	2.0	0.0803	4.820	0.289	6.940	10.1～15.0	0.0140
1	2.2	0.1019	6.116	0.367	8.808	15.1～20.0	0.0139
1	2.4	0.1267	7.603	0.456	10.948	20.1～25.0	0.0138
1	2.6	0.1548	9.287	0.557	13.373	25.1～30.0	0.0137
1	2.8	0.1863	11.177	0.671	16.095		
1	3.0	0.2214	13.281	0.797	19.125	公式	$Q=ch^{5/2}$
1	3.2	0.2601	15.607	0.936	22.474		
1	3.4	0.3027	18.161	1.090	26.152		
1	3.6	0.3492	20.951	1.257	30.169		
1	3.8	0.3997	23.983	1.439	34.535		
1	4.0	0.4544	27.264	1.636	39.260		
1	4.1	0.4833	29.000	1.740	41.760		
1	4.2	0.5133	30.801	1.848	44.353		
1	4.3	0.5445	32.667	1.960	47.041		
2	5.1	0.8282	49.69	3.0	71.558		
2	5.5	1.0003	60.02	3.6	86.425		
2	6.0	1.2434	74.60	4.5	107.426		
2	6.5	1.5188	91.13	5.5	131.225		
2	7.0	1.8279	109.68	6.6	157.935		
2	7.5	2.1721	130.32	7.8	187.666		
2	8.0	2.5524	153.14	9.2	220.525		
2	8.5	2.9701	178.20	10.7	256.614		
2	9.0	3.4263	205.58	12.3	296.032		
2	9.5	3.9222	235.33	14.1	338.877		
2	10.0	4.4588	267.53	16.1	385.241		
3	10.1	4.5387	272.32	16.3	392.144		
3	10.5	5.0015	300.09	18.0	432.131		
3	11.0	5.6184	337.10	20.2	485.427		
3	11.5	6.2787	376.72	22.6	542.483		
3	12.0	6.9836	419.02	25.1	603.386		
3	12.5	7.7340	464.04	27.8	668.216		
3	13.0	8.5307	511.84	30.7	737.055		
3	13.5	9.3748	562.49	33.7	809.984		

续表

堰高级别	堰高 h	流量 Q				备注	
	cm	L/s	L/min	m^3/h	m^3/d	堰高 h/cm	系数 c
3	14.0	10.2671	616.03	37.0	887.078		
3	14.5	11.2085	672.51	40.4	968.416		
3	15.0	12.1999	731.99	43.9	1054.071		
4	15.1	12.3156	738.94	44.3	1064.072		
4	15.5	13.1475	788.85	47.3	1135.946		
4	16.0	14.2336	854.02	51.2	1229.783		
4	16.5	15.3718	922.31	55.3	1328.123		
4	17.0	16.5629	993.78	59.6	1431.037		
4	17.5	17.8078	1068.47	64.1	1538.593		
4	18.0	19.1072	1146.43	68.8	1650.858		
4	18.5	20.4618	1227.71	73.7	1767.901		
4	19.0	21.8725	1312.35	78.7	1889.786		
4	19.5	23.3400	1400.40	84.0	2016.578		
4	20.0	24.8651	1491.90	89.5	2148.343		
5	20.1	24.9959	1499.76	90.0	2159.648		
5	20.5	26.2581	1575.49	94.5	2268.702		
5	21.0	27.8886	1673.32	100.4	2409.578		
5	21.5	29.5784	1774.71	106.5	2555.577		
5	22.0	31.3282	1879.69	112.8	2706.759		
5	22.5	33.1387	1988.32	119.3	2863.183		
5	23.0	35.0105	2100.63	126.0	3024.910		
5	23.5	36.9444	2216.66	133.0	3191.997		
5	24.0	38.9410	2336.46	140.2	3364.503		
5	24.5	41.0010	2460.06	147.6	3542.485		
5	25.0	43.1250	2587.50	155.3	3726.000		
6	25.1	43.2419	2594.51	155.7	3736.101		
6	25.5	44.9853	2699.12	161.9	3886.733		
6	26.0	47.2230	2833.38	170.0	4080.071		
6	26.5	49.5262	2971.57	178.3	4279.066		
6	27.0	51.8955	3113.73	186.8	4483.774		
6	27.5	54.3316	3259.89	195.6	4694.248		
6	28.0	56.8350	3410.10	204.6	4910.542		
6	28.5	59.4063	3564.38	213.9	5132.707		
6	29.0	62.0463	3722.78	223.4	5360.796		
6	29.5	64.7553	3885.32	233.1	5594.862		
6	30.0	67.5342	4052.05	243.1	5834.954		

参 考 文 献

[1] 张人权，等．水文地质学基础［M］.6版．北京：地质出版社，2011：1-184.

[2] 薛禹群，吴吉春．地下水动力学［M］.3版．北京：地质出版社，2010.

[3] 李同斌，邹立芝．地下水动力学［M］．长春：吉林大学出版社，1995.

[4] 房佩贤，卫钟鼎，廖资生．专门水文地质学［M］.1版．北京：地质出版社，1996.

[5] 石振华，李传尧．城市地下水工程与管理手册［M］．北京：中国建筑工业出版社，1993.

[6] R.H. 布朗，等．赵耿忠、叶寿征，等译．地下水研究［M］．北京：学术书刊出版社，1989.

[7] 沈照理主编．水文地质学［M］．北京：科学出版社，1985.

[8] 沈振荣，等．水资源科学实验与研究——大气水、地表水、土壤水、地下水相互转化关系［M］．北京：中国科学技术出版社，1992.

[9] 林学钰，廖资生，等．地下水管理［M］．北京：地质出版社，1995.

[10] 水利电力部水文局．中国水资源评价［M］．北京：水利电力出版社，1987.

[11] 王占兴，宿青山，林绍志，等．白城地区地下水及第四纪地质．地质专报六水文地质工程地质第3号［M］．北京：地质出版社，1985.

[12] 水利电力部水利水电规划设计院．中国水资源利用［M］．北京：水利电力出版社，1989.

[13] 肖长来．吉林省西部地下水资源评价与水资源可持续开发利用研究［D］．长春：吉林大学，2001.

[14] 王兆馨．中国地下水资源开发利用［M］．呼和浩特：内蒙古人民出版社，1992.

[15] 杨丙中，等．石门寨地质及教学实习指导书［M］．长春：吉林大学出版社，1984.

[16] 河北省地矿局秦皇岛矿产水文地质工程地质大队．秦皇岛市石河流域水资源评价及地下、地表水库的联合运用．中国典型地区地下水资源评价·调蓄·管理．水文地质工程地质选集［J］.1989(12)：208-221.

[17] 孙士超．石门寨地质概况及地质教学实习指南［M］．北京：地震出版社，1992.

[18] 秦皇岛市地方志编撰委员会．秦皇岛市志［M］．天津：天津人民出版社，1994：1-4.

[19] 抚宁县志编审委员会．抚宁县志［M］．石家庄：河北人民出版社，1990.

[20] 河北省水利厅水利志编辑办公室．河北省水利志［M］．石家庄：河北人民出版社，1996.

[21] 肖长来，曹建峰，卞建民．水文与水资源工程教学实习指导［M］．长春：吉林大学出版社，2005.

[22] 王福刚，曹玉清，方樟，等．环境水文地质调查实习指导书［M］．北京：地质出版社，2017.

[23] 曹剑峰，迟宝明，王文科，等．专门水文地质学［M］.3版．北京：科学出版社，2006.

[24] 张梅生，王锡奎，郭巍，等．兴城地学野外实习指导书［M］．北京：地质出版社，2012.